U0269875

秦岭北麓乡村空间适应性发展模式研究

谢 晖 著

中国建筑工业出版社

图书在版编目（CIP）数据

秦岭北麓乡村空间适应性发展模式研究／谢晖著
. — 北京：中国建筑工业出版社，2023.10
ISBN 978-7-112-29274-5

Ⅰ.①秦… Ⅱ.①谢… Ⅲ.①秦岭—乡村规划—研究
Ⅳ.①TU982.294.1

中国国家版本馆 CIP 数据核字（2023）第 190032 号

本书运用城乡规划学、生态学、景观生态学、经济学和系统动力学等多学科理论为指导，在传统智慧提取与现实问题寻根的基础上进行景观格局研究与优化，构建生态基础设施并划定生态控制边界。借助 GIS、空间句法等分析软件，通过经济学引力模型与系统动力学多目标规划模型的建构，以生态要素为约束，从宏观到微观多尺度探索适应于秦岭北麓生态环境和现代农村生产、生活条件的乡村空间适应性发展模式与规划技术方法体系，寻求乡村生活系统、生产系统与生态系统的协同发展，并进行现代化、科学化转化，为广大山麓以及类似生态脆弱、敏感地区的乡村良性转型与发展提供借鉴。（本书提及户县现已设区为鄠邑区，因大部分资料涉及设区前资料，故本书仍采用户县名称。）

责任编辑：王华月
责任校对：刘梦然
校对整理：张辰双

秦岭北麓乡村空间适应性发展模式研究
谢　晖　著
＊
中国建筑工业出版社出版、发行（北京海淀三里河路 9 号）
各地新华书店、建筑书店经销
北京红光制版公司制版
建工社（河北）印刷有限公司印刷
＊
开本：787 毫米×1092 毫米　1/16　印张：10¾　字数：239 千字
2023 年 8 月第一版　　2023 年 8 月第一次印刷
定价：79.00 元
ISBN 978-7-112-29274-5
（41984）

版权所有　翻印必究
如有内容及印装质量问题，请联系本社读者服务中心退换
电话：（010）58337283　QQ：2885381756
（地址：北京海淀三里河路 9 号中国建筑工业出版社 604 室　邮政编码：100037）

前　　言

　　秦岭是中华民族重要的诞生地，是华夏文明的发祥地，在国家生态安全格局中占有举足轻重的地位。秦岭北麓位于秦岭主脊与关中平原南缘之间，呈东西向条带延伸，在保护秦岭生态环境、维护区域生态安全方面占有举足轻重的地位。秦岭北麓以山前冲洪积扇为主要区域，扮演着关中地区生态屏障区、水源涵养地、地下水补给区的重要角色，其健康发展关系着西安乃至关中平原地区可持续发展的命脉。

　　然而，由于保护与发展边界不清，近年来伴随乡村的无序发展，秦岭北麓生态环境遭到较为严重的破坏，已成为人与自然矛盾冲突尖锐的典型区域。对于秦岭北麓生态环境保护与乡村发展问题，规划界未能有效应对，具体表现为：1）缺乏适应于秦岭北麓生态格局的控制边界。秦岭北麓被定位为生态协调区与适度开发区，但是对于生态保护空间与建设发展空间却没有明确的空间边界和技术指导指标，无法进行有效的生态保护与发展控制；2）缺乏适应于生态格局的乡村空间布局引导理论。面对休闲、旅游产业需求提升，传统农业逐渐向现代复合型农业转型，生活方式转变等诸多现实问题，乡村空间发展因缺乏有效的理论指导而导致盲目应对。因此，探索秦岭北麓乡村空间与自然共生的适应性发展模式成为研究关键。

　　本书运用城乡规划学、生态学、景观生态学、经济学和系统动力学等多学科理论为指导，在传统智慧提取与现实问题寻根的基础上进行景观格局研究与优化，构建生态基础设施并划定生态控制边界。借助 GIS、空间句法等分析软件，通过经济学引力模型与系统动力学多目标规划模型的建构，以生态要素为约束，从宏观到微观多尺度探索适应于秦岭北麓生态环境和现代农村生产、生活条件的乡村空间适应性发展模式与规划技术方法体系，寻求乡村生活系统、生产系统与生态系统的协同发展，并进行现代化、科学化转化，为广大山麓区以及类似生态脆弱、敏感地区的乡村良性转型与发展提供借鉴。

目　　录

第1章 绪 论

1.1 研究背景

1.1.1 背景与意义

秦岭古称"地肺"又称"福地",是中华文明的发祥地和中华民族演进的摇篮。区内分布有蓝田猿人等多个古人类活动遗址,是伏羲文明的始源地、周礼立儒的溯源地和汉传佛教的译经传播原点,也是道家思想的重要发祥源头。因此秦岭成为我国的三秦文化、三国文化、中原文化、古道文化等多元、多地域文化的集中交融地,是我国中华文明核心价值观的诞生地。秦岭山脉与落基山、阿尔卑斯山并称为世界三大名山,是我国长江黄河两大流域分水岭和南北气候分界线。秦岭是我国的中央绿肺、水源地、最大的生物基因库和生态安全格局的心脏地带,其平均森林覆盖率为 57.3%,是我国森林碳汇的中央汇聚地和植物释氧的核心供给区。秦岭水系发达,是我国南水北调工程的水源供给区,是渭河、汉江等 80 余条河流的发源地。秦岭地跨南北,是《全国主体功能区规划》确定的 17 个重要生物多样性生态功能区之一。区内动植物种类数量占全国 75%,分布有 120 余种国家级保护动植物。此外,秦岭地处我国生态格局的心脏地带,是我国的中央气候调节器、水汽输送大通道,是西北、西南、华中、华北四区的生态联络交汇区,是阻止西北风沙南下东移的天然生态屏障地带。秦岭地处我国的国防安全要害,南麓有三峡大坝水利工程,北麓是我国授时中心、大地原点,是重要的区域联动平台和交通汇聚区。可以说,秦岭生态环境保护事关国家生态安全的大局。

秦岭北麓位于秦岭主脊与关中平原南缘之间,呈东西向条带延伸,在保护秦岭生态环境、维护区域生态安全方面占有举足轻重的地位。秦岭北麓全长 1600km,在西安市域内长约 164km,南北平均宽度约 3km,地域面积 533.03km²。秦岭北麓分布有 85 条峪沟、77 条水溪河流,由于坡陡水急、易发洪水,各峪口在山前形成大小不等的冲洪积扇连接、堆叠成带状扇裙,南北宽 5~8km,几乎覆盖于整个秦岭北麓。冲洪积扇特殊的地质构造使其具有极强的渗水性,渗透系数为 20~50m/d,是一般平原的 3~18 倍,可使洪水一次性全部下渗,发源于秦岭北坡的河流均在此下渗补给地下水。秦岭北麓是关中平原地下水的"输水大动脉"和大西安地区的主要水源供给地,年输水量占渭河流域水资源总量的 61%,渭河总水量的 40%。这一地区乡村的无序发展极易对地下水和生态环境产生破坏性作用，从而进一步引发大范围的环境和社会问题。

由于保护与发展边界不清，伴随着近年来乡村的无序发展，秦岭北麓生态环境遭到较为严重的破坏，已成为人与自然矛盾冲突尖锐的典型区域。秦岭北麓代表区域在西安市辖区范围内，东西长 164km，南北宽 3km，面积 533km²，分布着 465 个村庄。据统计，其中 58％的村庄跨河、沿河或者临河，14.8％的村庄处于山前冲洪积扇透水性最强的扇顶区、31.2％的村庄处于透水性较强的扇中区。近年来，受到旅游、休闲热潮的波及，许多乡村进入到快速城镇化阶段，建成区的空间出现无序蔓延的态势，造成了一系列问题：1）建设选址失控。许多乡村幼儿园和卫生院、农家乐建设在河道上，导致人祸频发，如2015 年 8 月 3 日秦岭小峪山洪暴发导致 9 人死亡的惨剧；2）村庄规模速增。秦岭北麓蓝田县农民个人建房占地 2012 年比 2011 年增加用地 121.50％，乡村基建占地增加130.77％。建设用地不仅妨碍地下水补给还导致地表径流增大、洪水加剧。仅 2016 年即发生相关灾害 20 余起；3）形态蔓延，加速污染。近年来农家乐、度假山庄等经营性用地沿河道和道路疯狂蔓延，垃圾污水直排河道，面源污染不断加重，高达 56.1％的河段受到严重污染。目前，还将有 25.96 万山区生态移民逐渐落户秦岭北麓，足见控制发展边界，引导秦岭北麓乡村空间有序可续的适应性发展已到了刻不容缓的地步。

对于秦岭北麓特殊生态环境保护与乡村发展问题，规划学界迄今未能找到有效的解决办法，原因在于缺乏针对性的规划方法研究。具体表现为：1）缺乏适应于生态格局的控制边界。秦岭北麓在《大秦岭西安段生态环境保护规划》中定位为生态协调区，在《西安市秦岭生态环境保护条例》中定位为适度开发区，但是对于生态保护空间与建设发展空间却没有明确的空间边界和技术指导指标，无法进行有效的生态保护与发展控制；2）缺乏适应于生态格局的乡村空间布局引导理论。面对休闲、旅游产业需求提升，传统农业逐渐向现代复合型农业转型，生产生活方式转变等诸多现实问题，乡村空间发展因缺乏有效的理论指导而导致盲目应对。因此，研究总结秦岭北麓乡村空间与自然共生的适应性发展模式成为研究关键。

本书着眼于秦岭西安段乡村的经济和生态发展需求，通过对城乡规划学、景观生态学、生态学、经济学、系统动力学等多学科理论的综合运用，积极寻求乡村发展和生态保护之间的合作共赢关系，力争构建实现二者之间的和谐共生的新的发展模式。本书成果能为山麓带生态脆弱、敏感地区的乡村实现升级转型和健康发展提供新的思路，也有助于本学科研究理论与方法的创新发展。

1.1.2 关键词解释

1. 秦岭北麓

山麓是指山体底部与平原或谷底相连接的部分，所形成的一道作为过渡地带的转折线。秦岭山脉的主体横亘于古都西安所在的关中平原南边界，山脉与平原相交形成山麓带。秦岭北麓即是指秦岭北坡 25°坡线以下至 0°坡线，并向平原延伸数公里的环山带状区域。本书研究所涉及的秦岭北麓西安段是指以西安市东、西行政边界为界，南至秦岭北坡25°坡线以下，北到环山路以北 1000m 内的秦岭北麓范围，平均宽度约 3km，东西长约166km，用地面积 533.03km² （图 1-1）。

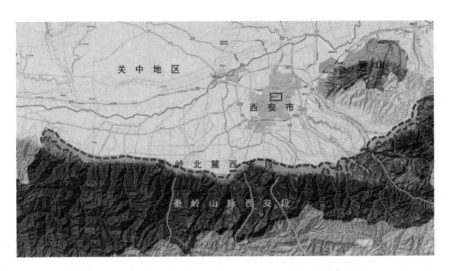

图 1-1 秦岭北麓西安段范围示意图

2. 适应性

适应性（adaptation），属于生态学术语，是指生物体与环境表现相适合的现象，适应性的形成需要通过漫长的自然选择逐渐形成，比如生物的保护色等。适应性具有普遍性，生物时刻受到环境中各种要素的影响，不适应就无法生存或者被淘汰，因此生态中的各种生物都具有适应性；适应性不是永久性的，还具有相对性。当环境条件出现较大的变化时，适应就变成了不适应，有时还成为有害的，甚至导致灭亡的因素。本书借鉴生物学中的"适应性"概念，研究提炼秦岭北麓传统乡村空间适应环境的普遍性特征，同时针对环境与时代变迁，规避其中的不适应，探索既适应于生态环境又适应于现实条件的乡村空间适应性发展模式。

3. 模式

模式（pattern），是解决某一类问题的方法论。亚历山大·克里斯托弗在《建筑模式语言》中解释："每一模式描述我们周围环境中一再反复发生的某个问题，接着叙述解决这一问题的关键所在"。模式提供的是经过总结、归纳并提高到理论高度的解决某类问题的核心方法论。本书就是在秦岭北麓乡村传统经验积累的基础上进行提炼、升华，同时通过现状调查、分析和研究，探索解决乡村生态保护与经济建设整合式发展问题的方法论，也就是其适应秦岭北麓生态条件的发展模式。

1.2 研究综述

1.2.1 国内外相关理论研究综述

1. 生态相关理论

（1）景观生态学相关理论

20 世纪中叶，欧洲学者突破了过去仅从地域和类型角度进行的景观研究，提出了景观生态学概念，拓展了地理学和土地利用的研究视角。这一理论将景观视作自然与人文的综合体，把景观和生态放置在同一平台之上，承认二者之间存在的互动关系，注重过程研究，凸显实用性。强调景观的生态性和景观与文化之间的协同，将景观的结构和形态是否能实现人与自然之间的和谐，实现可持续发展作为评价、规划、管理景观的标准。景观生态学有三个关键词"格局、过程、尺度"，格局是指空间格局，包括景观组成单元的类型、数量以及空间分布与配置。过程是指生态过程，包括生物生产力、生物地球化学循环、生态控制以及生态系统间的相互关系等方面。尺度是指空间尺度，是研究客体或过程的空间维和时间维，即所研究生态系统的面积和其动态变化的时间间隔。其研究面积小至几平方公里大至几百平方公里，时间间隔在几年与几百年之间。在景观生态学中，斑块被视作组成景观格局的基本单元，强调在时间和空间的维度中研究斑块之间的空间格局和互动关系的动态变化，探讨这一变化过程对生态的影响，进而揭示出景观格局与生态过程之间的相互作用关系。景观生态学经过数十年的不断充实和发展已经成为一门应用性学科，其理念获得了学界的广泛认可，并被引入实践。

（2）景观生态规划

在景观生态学的基础上进一步地细化衍生出了景观生态规划的理念。这一理论强调应用景观生态学的基本原理，控制和影响区域景观系统的建立过程，利用各斑块的合理空间格局达到人与自然的协调，建立与生态系统相和谐的景观空间结构和模式，从而实现整个景观系统的优化。景观生态规划的主要代表人物为埃利奥特、麦克哈格和卡尔斯坦尼兹。埃利奥特在波士顿都市公园的规划设计方案中，提出了景观调查分析法，首次将"生态"作为关键因子植入园林设计之中，可谓是景观生态规划理论的创始人。麦克哈格确立了生态规划的基本理论和方法及景观调查分析过程的量化标准，并提出了"千层饼模式"，是景观生态规划概念上升为方法论的奠基者。卡尔斯坦尼兹则突破地图叠加技术与科学量化局限，提出"六步骤"多解生态规划方法，之后进一步提出了美学、生态、文化的景观生态规划的"三元论"，使这门学科找到了更为多元化、综合化的发展方向。

1）麦克哈格的"千层饼模式"

20 世纪 70 年代，西方经济进入危机期，一味追求经济发展的热潮逐渐退烧。人们开始审视自身所处的自然和生态环境，自然不再被当做被征服和劫掠的对象而是被视作应该被保护并与之和谐相处的对象，麦克哈格以因子分层分析和地图叠加为内核的规划理论"千层饼模式"应运而生。简单地说"千层饼模式"就是将景观区域的地形、道路、生态系统等因子分别画在纸上，再叠加起来形成一个整体，从而揭示出它们之间的相互作用关系。他指出，景观不仅仅是一种美学系统，更是一种生态系统。应该在尊重自然规律的基础上，实现土地利用与自然过程的和谐。

2）卡尔·斯坦尼兹的多解规划

麦克哈格的"千层饼模式"是在生态系统处于崩溃的临界状态下提出的。对于景观规划中过于强调了生态系统的基础性和主导性，而牺牲了景观应具备的人文性和美学性。时间推进至 20 世纪 90 年代，由于新技术尤其是信息技术的突飞猛进，卡尔斯坦尼兹又进一步强调设计师的主动性，提出了多解生态规划方法的"六步骤"，通过"自上而下"和"自下而上"两种作用模式，最终得出多解方案。借助这一理念，本书可以进一步揭示秦岭北麓乡村与城市、山脉之间的关系，从而得出更加优化的乡村空间结构和功能分布。

2. 城市结构原理

城市，是由许多相互作用的不同子系统构成的一个复杂的大系统，这是早已形成的共识。美国学者萨林加罗斯在他的《城市结构原理》一书中将城市作为一个整体加以研究，用数学原理较为直观地描述了城市运转的整个过程，揭示了城市运作的机理，为规划学界提供了一种具有极高参考价值的新颖思路。

城市结构原理提出，"自然形成的连接只出现在对比或互补的节点之间，只有这样它们之间的连接才是动态和活跃的；相异互补的节点（饭店、学校、办公楼、商店）之间会建立起多样性的联系，之后汇合成路径，与此相矛盾的是，相似的节点间建立的连接往往太过微弱以至于不足以建成路径；关联性越强，网络的结构性越鲜明，城市就越有活力等"。这些原理同样也适用于受到城镇化影响下的乡村，有助于解释乡村的真实运转过程，并对其未来的复合型发展提供帮助。

3. 各理论与本书的关系

本书将主要以卡尔斯坦尼兹的六步骤，即景观表述、景观过程、景观评价、景观改变、景观影响和景观决策作为研究步骤，进行生态方面的探索；在景观过程的研究中采取麦克哈格的垂直过程研究，同时增加水平过程研究；在景观改变中利用景观生态格局的技术手段进行景观格局优化，并将恢复生态学中的方法运用在规划指导与建议上。在乡村空间的研究中，本书将利用空间句法理论对空间进行深度分析，这不仅有助于前期深层问题的揭示，同时也有助于在解决问题的后期研究中辅助乡村空间从宏观到微观空间的适应性布局与有效引导。乡村空间未来的产业转型与提升，尤其是功能与产业的复合式发展将以城市结构原理为指导，建立空间复杂连接并探索适应性空间模式。

1.2.2 国内外相关实践研究综述

1. 国内外生态脆弱、敏感地区乡村空间研究

目前，生态保护与建设发展的协调互动成为城乡规划学的研究重点。由于地域、经济发展阶段和研究视角不同，这就使得国外学者对于生态脆弱、敏感地区的乡村空间研究的侧重点和关注点多种多样，这种多样性拓宽了研究思路与视野。如：PSchippers 等人探索如何通过景观多样性与空间的组织增强生态敏感主动性，提出了多解生态规划方法的"六步骤"：景观表述、过程分析、景观评价、景观改变、景观影响、景观决策。在该步骤的指导下通过"自上而下"和"自下而上"两种作用模式，先自上而下、再自下而上，最后自上而下的三次反复来分析问题，最终得出多解方案。在此基础上卡尔斯坦尼兹提出"三元论"，强调生态、人文和美学应该成为景观规划同等重要的因子，主张利用计算机技术将视觉影响、资源管理和景观规划统一起来，跳出麦克哈格的形而上的思维模式，突破自然对景观规划的牵制，兼顾多种因子之间的关系，主动实现人与环境的和谐统一，得出多种解决方案，综合决策。

（1）景观安全格局

作为世界第一的人口大国，目前我国的用地紧张，人地矛盾已经极为突出。针对这一亟待解决的突出问题，国内学者做了许多深入思考和探索性研究。其中，俞孔坚教授提出的"景观安全格局"理念可以视作是景观生态学"中国化"的一个范例。这一理论基于我国严峻的人地关系和生态安全状况不佳的现状，提出解决这一矛盾的关键是结合地理信息系统和空间分析技术，用完善的生态基础设施将各种生态过程和景观格局相结合，使其整合成为完整的景观安全系统。他提出在宏观、中观和微观三个层次上与现行规划相衔接，将生态基础设施作为城市发展的基底而首先进行，规范土地利用，实现生态、文化、服务等多功能的结合，从长远的和公众的利益出发，反对急功近利式的规划和发展思路。这种"反规划"的理念，越来越多地被理解和接受，并付诸实践，逐渐成为解决我国人地矛盾的一个可行的途径。

（2）恢复生态学

目前，全球性的气候变化、可用资源的逐渐枯竭，使得生态退化发展到前所未有的严重程度，极大地威胁到了人类的生存和发展。生态系统为何会退化？如何恢复重建？怎样保护现有的生态？相关研究越来越被重视。恢复生态学就是在这样的大环境下被提出的。对于本书，恢复生态学理论的引入可以使我们更清楚地认识到秦岭北麓生态现状的成因，从而为重新构建一个适宜人居和实现人与自然和谐发展的生态系统找到出路和解决策略。也为进一步优化和保护恢复与重建后的秦岭北麓生态系统，探寻出明确的方向。

2. 城乡空间形态相关理论

20 世纪 70 年代，英国学者希利尔首次提出了空间句法的概念。这个理论把空间和社会有机地结合起来，突破了简单的几何空间的限制，结合拓扑学，对空间进行尺度划分和分割，从中解释空间与社会之间的复杂关系。历经几十年的扩充和发展，空间句法的理论体系已经日趋完善和成熟，还开发出了基于这一理论的技术分析软件。空间句法将空间之间的相互联系抽象为连接图，再按图论的基本原理，对轴线或特征各自的空间可达性进行拓扑分析，最终导出一系列的形态分析变量：连接值，表示系统中某个空间相交的空间数；控制值，表示某一空间与之相交的空间的控制程度，数值上等于与之相邻空间连接值的倒数之和；深度值，表示某一空间到达其他空间所需经过的最小连接数；集成度，表示系统中某一空间与其他空间集聚或离散的程度；穿行度，表示系统中某一空间被其区农村人口、生态系统与地方经济的恢复力（2015 年）；Y Jiang 等人针对美国城市边缘区乡村生态保护与住宅发展的矛盾展开研究，提出适宜性景观规划框架（2014 年）；SJSpiegel等人以亚马孙流域生态敏感地区为例，探讨了利用地理信息系统技术协调并缓解环境保护和纠纷解决的理论与实践之间的差距（2012 年）。

国内城镇化的加速发展导致生态环境矛盾凸显，因此生态视角乡村空间研究逐渐丰富，尤其针对生态脆弱敏感区乡村空间的研究持续增长。由于我国地域空间差异性比较大，不同地域、区域的乡村空间研究框架、研究重点差异性也较大，但是多学科理论交叉指导与数据量化的技术应用非常值得借鉴。如：丁金华等人以苏州市黎里镇西片区的水网乡村为例，以分析南方水网乡村的生态敏感性为先导，得出用地适应性评价体系以及生态基础设施的构成因子、基本脉络和解决方式（2016 年）；李琳等人以潍坊峡山水源保护地为例，从村庄发展潜力评价和生态敏感性评价这两个维度出发，采用主成分分析、引力模型等数据计量方法及 GIS 空间分析方法，对生态敏感地区的村庄布局规划理论和方法进行探索（2015 年）；彭震伟等人以吉林省长白朝鲜族自治县为案例，以恢复生态学为指导，在村庄发展潜力评价中融入人居环境生态适宜性评价，在村庄体系规划中融入生态网络格局规划，在村庄生态建设导引中融入绿色基础设施规划，构建了整合性发展策略和规划研究框架（2013 年）；宋功明等人以延安市雷谷川山地型聚落为例，选取庭院为研究对象，探索了小流域聚落在动态整合过程中的空间形态，提出依托流域的串珠式结构、复合经济和能源利用的庭院规模以及依存山地自然生态的聚落生态安全发展的模式（2011年）等。

3. 国内外山麓地区乡村空间研究

我国目前正处于城镇化的快速发展阶段，而发达国家的城镇化基本完成，城乡之间的格局相对稳定，针对山麓带乡村的空间研究早已不是热点，成果较少。可参考借鉴的研究有 Jagat K. Shrestha 等人对尼泊尔丘陵地区农村公路网络的升级更新研究（2014 年）；P Prokop 等人研究在人为与自然影响下喜马拉雅山山麓乡村土地利用的变化（2012 年）等。

国内针对山区、山地乡村空间的研究较为丰富，山麓地区乡村空间的研究内容相对较少，且多从发展视角探讨乡村再生与复兴，但仍不乏精辟剖析与深刻见解，尤其对于乡村空间演化机理与制度的挖掘与探讨以及对于本书研究很有启发，如：高慧智等人以南京市桠溪镇大山山麓区大山村为例，基于空间生产的视角，通过对生产、消费、所有三种关系相互作用的分析，解析了利益主体对空间结构变迁的作用机理（2014年）；唐伟成等人以乡村微观制度与宏观制度变迁为双线逻辑，以宜兴市都山山麓区都山村为例进行要素整合机制的研究（2014年）；李伟等人以安徽省当涂县龙山山麓区龙山村为例引入马斯洛需求层次理论，从五个方面探求政府和本地乡村居民对村庄规划建设的多维期许，并基于总体和详细两个规划层面探讨了乡村规划中双向需求的落实与协调策略（2014年）；赵晨同样以南京大山村为例，探索了如何通过乡村旅游的开展促进要素流动，进而较为成功地实现乡村复兴（2013年）；郭晓东等人以天水市麦积区为例，运用GIS与统计分析方法，计算分析了山地—丘陵过渡区乡村聚落的景观指数、规模等级及空间分布特征并分析了其影响因素（2012年）。

4. 秦岭北麓相关地区乡村空间研究

秦岭北麓乡村空间近年来逐渐受到学术界关注，生态保护、职能转型和旅游开发等视角是目前主要的研究重点，这些研究与实践为本书提供了难得的经验，如：李昊轩基于生态功能区的定位对秦岭北麓小城镇规划策略进行研究（2015年）；范小蒙探索了秦岭北麓西安段乡土景观营造的环境学途径（2015年）；谢晖等人探索了秦岭北麓冲洪积扇环境影响下传统村落布点特征（2016年），并以西安长安区留村为例，探索自然环境影响下秦岭北麓乡村空间布局特征（2015年）；魏巍以玉山镇为例，对秦岭北麓旅游型小城镇的空间规划与引导进行研究（2015年）；宁杨从职能转型视角研究秦岭北麓五台镇的空间优化策略（2015年）；王莉莉等人以西安市厚畛子镇规划实践为例，从地域文化视角探索生态敏感地区的规划策略（2014年）；肖哲涛在山水城市视野下探索秦岭北麓（西安段）适应性保护模式及规划策略（2013年）；樊靖怡以西安五台古镇为例，以类型学为视角探索关中村镇传统街区设计构型（2011年）；王永胜等人以周至县为例，探索了西安市秦岭北麓村镇生态化建设与规划（2010年）等。

综合上述分析，生态脆弱、敏感地区乡村空间的相关研究已分别从保护和发展角度进行较为深入的剖析和探索，初步取得一些有价值的研究成果。但是，与城镇化热潮中乡村快速发展现实相比，生态脆弱敏感地区乡村空间规划理论的研究仍相对滞后，尤其缺乏针对性的完整理论总结、应对策略和规划技术方法，使得秦岭北麓乡村空间问题仍然缺乏具有适应性和可操作性的规划理论与技术方法。因此，本书通过传统乡村空间生存智慧提取与现实问题的本质寻根，为乡村空间寻求适应性发展方向，同时通过景观格局优化明确生态边界，探索在生态要素约束下秦岭北麓乡村空间的适应性发展模式、规划技术体系和具有可操作性的实施应用方法体系，有望在现有研究的基础上进行进一步的深入探索。

1.3 研究内容与范围

1.3.1 研究内容

1. 秦岭北麓西安段生态环境与乡村空间现状概况与演化历程

本书经过大量实地调查研究与文献资料收集汇总，整理出秦岭北麓西安段生态环境与乡村空间各个时期的特征变迁与演化历程，深入分析其表象背后的动力因素与影响因素；同时，探讨生态环境与乡村空间之间的作用、影响等相互关系，为后续进一步深入探索提供研究基础。

2. 秦岭北麓乡村空间多尺度生态适应性规律探寻

秦岭北麓乡村千百年来受到山麓区气候环境、水系格局与冲洪积扇地貌的影响，自下而上形成了应对生态环境的适应性特征。因此，本书分别以宏观秦岭北麓、中观峪口区和微观乡村个体三个尺度为研究范围，运用 GIS、Depthmap 等软件对乡村空间布局、空间形态、空间规模和空间构型等方面进行分析与研究，探索乡村空间与秦岭北麓气温、降雨、风环境、水文、地质地貌等生态环境要素的适应性特征、规律与形成机理。

3. 秦岭北麓乡村空间多尺度生态矛盾性冲突解析

研究选取宏观秦岭北麓、中观峪口区和微观乡村个体三个尺度，借助 GIS、Depthmap 软件与引力模型，分别探讨秦岭北麓整体乡村，峪口区乡村群落以及乡村个体在城镇化影响下，各尺度乡村空间布局、规模、形态、功能和构型等方面的发展趋势与动力机制，以及在此影响下造成的生态矛盾性冲突。进而解析资源分配、价值取向、功能产业体系等方面在空间的投射，以此为基础揭示各个冲突背后的深层本质并提出转化策略。

4. 秦岭北麓多尺度生态格局研究优化与边界划定

研究选取宏观山麓区尺度、中观流域尺度和微观峪口区尺度三种尺度层级，运用斯坦尼兹六步骤模型与景观安全格局技术手段，借助 GIS 软件分别从景观表述、景观过程、景观评价、景观改变、景观评估与景观决策六个步骤对各个尺度（重点是中观与微观尺度）层级进行景观格局的研究与优化。在此基础上构建生态基础设施并进行严禁建设区、控制建设区与适宜建设区的三区边界划定。最后，与现状和上位规划进行博弈并结合乡村空间适应性发展模式进行规划调整和导则制定。

5. 秦岭北麓多层级乡村空间适应性发展模式研究

研究选取三个尺度层级：宏观秦岭北麓整体乡村、中观峪口区乡村群落和微观乡村个体，以三区划定的生态控制边界为约束，汲取秦岭北麓乡村空间传统智慧与现实教训，借助 GIS、Depthmap 等空间分析软件、经济学引力模型与系统动力学多目标规划模型，研究并探索适应于秦岭北麓生态环境和现代农村生产、生活条件的乡村空间适应性布局、规模、形态、功能和构型等模式，初步建立秦岭北麓乡村空间适应性规划技术体系和具有可操作性的实施应用方法体系。

1.3.2 研究范围与选择依据

1. 宏观研究范围与选择依据

本书宏观研究范围主体限定在秦岭北麓西安段散布于山前洪积扇区的乡村（总占地面积约 533km^2），东西界为西安市的行政边界（长度约 166km），南北界为西安市划定的秦岭生态协调区（山脚线至环山路以北 1000m 区域，宽度约 3km）。但是对于乡村所在的生态环境研究需要扩大研究范围，尤其是秦岭北麓生态格局的研究需要包含完整的生态单元，也就是各河流的流域范围，因此宏观研究的影响范围区需在核心范围区的基础上向南延伸至各河流南部流域域界，即分水岭，向北延伸至各河流北部流域域界，即渭河。

2. 中、微观研究范围与选取依据

中、微观研究范围的选取依据地域特征典型、乡村空间布局传统完整、发展与保护的矛盾凸显这几个特征进行选择。尤其中、微观尺度的研究需要选取具体区域和乡村个体进行案例剖析与模拟应用，因此这部分将分为案例剖析研究与案例应用研究两个方面进行研究。

首先是案例剖析研究，对应的是第4章秦岭北麓乡村空间多尺度生态适应性规律探寻与第5章秦岭北麓乡村空间多尺度生态矛盾性冲突解析的内容，这两章都需要以小见大，通过对典型案例的研究发现其中具有代表性和普适性的规律问题，因此剖析案例不仅需要在中观尺度上具有地域特征的典型性、发展与保护的矛盾性、乡村空间形态的传统与完整等，尤其还需要具备原型性与概括性，能够去繁就简、去粗取精，在中观峪口区与微观乡村个体上体现出最具典型性与代表性的特征，有助于规律与问题的凝练。剖析案例中观尺度选取的是白蛇峪峪口区，微观尺度选择的是白蛇峪峪口区的长安区五台镇留村，具体选取原则与说明在第4章详述。

其次是案例应用研究，对应的是第6章秦岭北麓景观格局优化与边界划定和第7章秦岭北麓乡村空间适应性发展模式研究的内容，这两部分的研究内容重在考虑未来的应用与推广，因此应用案例的选择相比剖析案例更注重普遍性与适用性，中观峪口区和微观乡村个体的选择必须都能体现出秦岭北麓峪口区与乡村空间的常见特征，有助于应用研究的普适性。应用案例中观尺度选取的是太平峪峪口区，微观尺度选取的是太平峪峪口区户县草堂镇草堂营村，具体选取原则与说明在第7章详述。

1.4 研究目标与关键科学问题

1.4.1 研究目标

本书以多学科为指导，运用城乡规划学、生态学、景观生态学、经济学和系统动力学等多学科基础理论为指导，通过大量文献整理和实地调查，梳理秦岭北麓乡村演化与生态变迁历程，探索其与自然共生磨合的生存智慧与演化机理，以此为基础探寻秦岭北麓乡村空间现实矛盾冲突根源，为乡村空间发展寻求方向。进而，基于景观格局的研究与优化，构建生态基础设施并确定生态控制边界，借助 GIS、Depthmap 与数理模型等技术手段，以生态要素为约束，从宏观秦岭北麓整体乡村、中观峪口区乡村群落和微观典型乡村三个层面探索能够实现新农村建设发展需求与保护自然环境和谐统一的乡村空间适应性发展模式与规划技术方法体系，并进行现代化、科学化转化，实证并反馈。为实现生态脆弱、敏感地区乡村空间健康可持续发展，提供实践指导和科学支持。

1.4.2　关键科学问题

生态要素为约束的前提下秦岭北麓乡村空间适应性发展模式的科学转化

生态要素约束下秦岭北麓乡村空间适应性发展模式的建构最终需要为其现实的建设实践提供技术支撑。因此，从宏观秦岭北麓、中观峪口区和微观乡村个体等多尺度层面，通过运用 GIS、Depthmap 等技术软件，建构引力模型、多目标规划模型等数理模型，对空间进行深度分析、仿真模拟与量化研究并集成具有可操作性和科学应用性的规划设计方法体系，其中最为关键的就是将乡村规划理论与实践方法结合，对乡村空间适应性发展模式进行科学转化与推广应用。这是本书需重点解决的关键科学问题。

1.5　研究方案与可行性分析

1.5.1　研究方案与步骤

1. 建立多学科交叉的理论框架

本书吸取城乡规划理论的研究成果，借鉴国内外相关生态脆弱、敏感地区乡村空间研究的理论与实践，通过生态学、景观生态学、经济学和系统动力学等多学科交叉的研究视角，从多角度研究秦岭北麓乡村空间的适应性发展模式，并遵循从历史到未来、从宏观到微观的研究思路，采用定性与定量相结合的研究方法，建立本书研究的理论框架。

2. 基础调研与初步探索

通过资料梳理、实地调研、访谈问卷、社会参与等方式，对秦岭北麓乡村空间进行主观调研和客观调研，认识秦岭北麓乡村空间与生态环境共生的演化历程。通过实地调研，建立丰富扎实的第一手资料信息平台，评析不同乡村空间的发展与建设实践，分析秦岭北麓乡村空间的现实问题与困境根源。

3. 案例剖析与方向初探

在基础调研的基础上，选取典型案例进行深入剖析，总结凝练秦岭北麓传统乡村空间适应生态的生存基因与人居智慧，并深层挖掘其现实问题背后的本质根源，为乡村适应性发展模式寻找方向。同时，研究秦岭北麓景观格局，在景观表述、过程与评价的基础上，运用景观安全格局的技术手段进行景观改变，经过评估选择出优化方案并最终构建生态基础设施，划定生态控制界域，以此为约束，进一步探讨秦岭北麓乡村空间适应性发展方向。

4. 案例模拟与模式建构

借助 GIS 和空间句法软件 Depthmap 等技术手段，结合数理模型的建构，通过模拟案例进行秦岭北麓乡村空间信息分析研究与发展动态仿真模拟实验，探讨乡村空间多尺度空间布局、规模、形态、功能等适应性发展模式。建构具有现实针对性及可操作性的乡村空间适应性发展模式,并进行科学化转化。最终完善乡村空间适应性发展的规划设计方法与技术支撑体系。

5. 实证检验与反馈修正

选择合适条件的乡村空间进行规划实践与模式应用,通过实证检验前期研究成果并反馈修正,深化研究理论与研究成果,提升本书研究的理论和实践价值。

1.5.2 技术路线

本书的技术路线如图1-2所示。

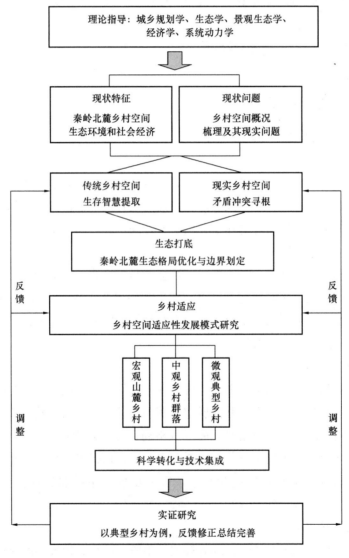

图1-2 技术路线图

1.6　特色与创新之处

1. 秦岭北麓传统乡村空间生态适应性规律总结与机理揭示

秦岭北麓具有特殊的气候、生态与地理条件，这里的乡村历经千百年的历史变迁，在其漫长的发展演进过程中，不断与自然生态环境共生磨合，形成了特殊的适应性形态与格局。探索这些空间适应性规律并对空间特征背后的机理进行揭示与总结，将是保证秦岭北麓乡村空间可持续发展的关键所在，更有助于指导其进一步有序可续地发展。

2. 整合性的秦岭北麓乡村空间多尺度适应性发展模式提炼

本书系统整合秦岭北麓的多重矛盾，在乡村空间的历史经验中寻找现代价值，在生态保护的基础上寻求经济建设可能，在乡村发展中寻找与城市的统筹对接，并重点探讨建设发展与生态保护的适应性问题，通过一系列的过程研究与多重尺度的实践探索，提炼出秦岭北麓乡村空间多尺度适应性发展模式及其量化途径和技术方法，有望进一步丰富和完善生态脆弱、敏感地区乡村空间规划理论。

第2章 秦岭北麓西安段生态环境特征与乡村发展概况

2.1 秦岭北麓西安段自然环境特征

2.1.1 地质地貌

早在4亿年前，秦岭北麓已经从海底上升，历经岁月侵蚀。在随后的时间里，秦岭南部露出海面，经过2亿年的地质变化和地壳运动，秦岭与大海逐渐远离而作为山脉陆地矗立在陆地之上，在距今1亿年左右的时期，由于先后受到燕山运动和喜马拉雅山运动的强烈影响和改造，形成了如今秦岭的地质格局。由于发育时间早，岩石发育的各阶段在秦岭山脉中都有迹可循，而且岩石变质种类繁复，地质矿产资源丰富、种类众多，可以说秦岭是我国乃至全世界典型的复合型大陆山脉。2009年，我国西北首个世界地质公园——秦岭终南山世界地质公园因此设立。

由于秦岭在形成过程中受到喜马拉雅造山运动的强烈影响，地质构造变化强烈，其北部陡然降低，如同一道高耸入云的城墙一样与山下平原区突然衔接，其坡度陡峭，山间流水下泄湍急，极易引发洪水。在多发的洪水和山水下泄的共同影响下，秦岭北麓坡脚处广泛存在着冲洪积扇区，并连接成片形成了面积较广的平原地区，这片洪积平原南起秦岭，北至渭河之滨，西起周至阳化河东岸，东到长安区大峪口村，期间冲积锥、冲洪积扇区、坡积裙等典型地貌单元大量分布，属于典型的冲洪积平原。

这片冲洪积平原以沣河为界可以分成埋藏型和叠加型两种洪积扇类型。沣河以西由于受地壳运动影响较小，其沉积物沉降过程较为连续，新的洪积层覆盖了老的洪积层，形成了埋藏型洪积扇。沣河以东地区在秦岭抬升的过程中，出现了间歇性的上升过程，新的洪积物往往镶嵌于被上升运动切割开的较老的沉积层中，形成叠加型洪积扇。但是由于洪积物补给来源一致，这两种类型的扇区的地质特性如：土壤构成、透水性基本一致。

2.1.2 水文特征

秦岭山脉由西向东排列，成为长江和黄河水系的分水岭。发源于秦岭的河流，南北分流成梳状排列，因秦岭为不对称坡山脉，北坡急陡，河流长仅为20~30km，平均每公里有100m的落差，河水下穿山谷形成一道道峪沟，自古有"秦岭72峪"之说，言其河谷之众。秦岭北坡共有峪沟 85 条，水溪河流 77 条，水资源总量约为 42 亿 m³/年，约占关中地表水资源总量的 51%，渭河流域关中 6 市（区）水资源总量的 61%，年输水量占渭河总水量的 40%。山区河流源自雨雪和裂隙水，河谷狭窄，谷坡陡峻，河流落差大，河水流速较快；平原地区河流河床较宽，落差不大，水流的补给来源除了大气降水之外，还吸纳了一部分出露的地下水。秦岭北麓的平原河流是关中地区重要的输水通道，由于流域内洪积扇区强烈的下渗作用，也是关中地区地下水的主要补给来源。

正如我们所知，按埋藏条件地下水分为潜水、承压水和上层滞水。其中，潜水和承压水是秦岭北麓地下水的主要埋藏形式，潜水平均埋藏深度为 30m 左右，呈现由南至北埋深愈浅的规律，在洪积平原的北边际，可见地下水流出地面的现象。在秦岭北麓峪口附近的坡顶带潜水含水层主要由砂砾卵石构成，渗透系数大于 0.06cm/s，属于中高渗透性，富含水分。洪积扇间和洪积平原前缘地带含水层厚度逐渐变薄直至消失，且含水层中黏土含量加大，渗透性较坡顶带减弱，涵养水分不多。秦岭北麓承压水含水层也呈由南至北逐渐缩小的趋势，承压水主要的补水地区是洪积平原坡顶带，有些承压地下水会在扇间区或扇缘地区出露地面。

2.1.3　气候特征

由于受到海拔高度和山区地形的共同影响，整个秦岭山脉的气候由三个垂直气候带构成，海拔低于 1000m 的地区属于山麓气候带，海拔在 1000～2500m 之间的区域属于山地温带气候带，海拔高于 2500m 的区域属于高山草甸带。秦岭的整体气温随着海拔的升高而逐渐降低，秦岭南坡属于亚热带季风气候，北坡属于温带季风气候。本书所涉及的秦岭北麓地区，地处山麓气候带，终年受温带大陆季风气候影响，四季分明，年平均温度受地形影响，随海拔高度的变化自南向北逐渐升高，降水量逐渐减少。这一地区常见的气象灾害，与我国北方常见灾害一样，多为干旱、洪涝、大风、低温冷冻。

1. 气温

据气象资料记载，秦岭北麓年均气温 14℃ 左右，有气象记录以来的最高温度超过 43℃，气温极低值是零下 20℃ 左右。受到全球气候变化的影响，秦岭北麓年均气温呈现出明显的上升趋势，其增幅大于全国平均值，尤其是进入 21 世纪以来，夏季连续出现持续高温天气，冬季气温的升高幅度更是大于夏季，成为提高本地区年平均温度的主要因素。

2. 日照

我国的年平均日照数在 2200h 以上，并且东南少西北多，但是由于地处秦岭山脉阴坡，秦岭北麓的年平均日照数低于全国平均值 200 多个小时，最大值仅为 2299.5h/年，最小值只有的 1475.9h/年，相当于秦岭以南地区。影响秦岭北麓日照时间的另一个因素是云雾，由于高耸的秦岭对大气环流的扰动作用，秦岭北麓多云雾，难见天日。近年来由于大气环境的进一步恶化，人为导致的空气污染也成为该区域日照减少的主要因素。

3. 降水

秦岭北坡属于温带大陆季风气候，空气中水分含量不高，秦岭北麓的降水量随海拔降低由南至北逐渐减少，年降水量少于 800mm，平均降水量在 600mm 左右，多雨年和干旱年份降水量差别巨大，最大相差 600mm 左右。近年来受全球气温升高变化的影响，年平均降雨量呈现出明显下降的趋势，其下降速度远远大于全国平均值。秦岭北麓的大气降水过程还呈现极大的季节差别，降水时间相对集中，主汛期（6～9 月）集中了全年 80% 以上的降水，其中 7～9 三个月的降水量更占到全年降水量的一半以上。这种相对集中的大气降水，造成了秦岭北麓山洪频发，滑坡、泥石流等地质灾害频仍，对当地人民的生命和财产安全造成了极大威胁。

4. 风

秦岭北麓地处温带大陆性季风气候带，加之受到山地影响，常见山风和谷风，第一主导风为东南风，西南风也多见，这与西安主城区的主导风向东北风不太一致。夏季背风，受到平原地区高气温影响，较为闷热；冬季迎风，平原地区西北寒风直接吹袭，比较干冷。

2.1.4　生物特征

秦岭作为我国南北水系的分水岭，其南坡和北坡受不同气候带控制，气候差异较大，加之垂直气候带的影响，不同的气候特征成为秦岭地区呈现生物多样性的一个关键因素。这里被称作"物种基因库"，已经调查得知的兽类种数占全国种类总数的 30% 左右，其中更有珍稀的羚牛、金丝猴、大熊猫；鸟类近 400 种占全国种类总数 30% 左右，植物种类3000 余种，占全国种类总数 12%。

本书所涉及的秦岭北麓地处山麓区气候带，森林以温带的落叶阔叶林为主，常见自然分布的树种为青杨、槐、榆、桑、栓皮栎、椿、皂角、楸，除此之外，在坡脚平原地区还大量人工种植葡萄、桃、杏、柿、枣、板栗等果树。草本植物多为农作物，野生草本植物有阿拉伯婆婆纳（灯笼草）、荠菜、苜蓿、刺角菜、黄花蒿等。受到气候条件和长期以来的人为干扰等因素的影响，秦岭北麓地区动物资源较南坡为少，据调查，兽类仅有熊、黄鼠、野猪等 8 种，生物多样性不如南坡般复杂和具有代表性。

目前，秦岭北麓地区的有黑河、太白山等 3 个国家级自然保护区，更有朱雀、太平、终南山等多达 19 处森林公园。自然保护区已经形成了保护秦岭生物多样性的一道坚实的屏障，而森林公园的设立则成为人们通过观光游览了解自然、亲近自然，进而自觉保护自然的"大课堂"。

2.1.5　土壤特征

土壤是由风化的岩石、动植物和微生物的腐殖质以及水等多种因子构成的，在自然条件和人为活动的综合作用下形成了不同类型的土壤。秦岭本身的气候多样性、生物多样性和复杂的地质结构，决定了秦岭地区土壤类型的多样性。受到气候和成土母质的影响，整个秦岭的土壤呈垂直分布的特征，山麓带多褐土，山地带多棕土，高山区为暗棕土，海拔3000m 以上为亚高山草甸土。本书所涉及的秦岭北麓范围内，在温带大陆季风性气候影响下，在落叶阔叶林为主的植被条件下，多以淋溶褐土为主。淋溶褐土土质较细密，pH值呈弱碱性，保水保肥能力强，有机物含量丰富，土壤养分较高。

由于人类长期以来在秦岭北麓的频繁活动，天然形成的褐土经过长期耕种，其可耕性和土壤肥力不断累积增加，保水保肥、供水供肥能力进一步提高，被熟化形成了塿土，并在秦岭北麓广泛存在，成为一种重要的农业土壤。塿土的形成时间多在 2000 年以上，是最适宜种植的人工土壤。秦岭北麓洪积平原的扇顶部以黑塿土为主，中上部则夹杂了一些黄土（立茬土），在山前洪积扇洼地区分布着潮塿土亚类，这类土壤颜色灰棕，透水透气性差，土地有机质和养分含量较黑塿土更低。秦岭北麓受渭河冲积作用生成的黄土台塬地区，台塬表面以黑塿土和黄土为主，塬坡和沟谷中，因雨水冲刷，土壤遭受的侵蚀严重，土壤熟化程度不高，多为黄绵土。

综上，秦岭作为我国长江黄河两大流域分水岭、南北气候分界线，是我国的中央绿肺与中央水源地，也是我国重要的生物基因库和国防安全战略要冲；同时，秦岭还是中华地理的精神标识和自然标识，是中华文明的重要发祥地、中华民族演进的摇篮，是中华文明核心价值观的诞生地。作为秦岭山脉的重要组成部分，秦岭北麓承担着大西安地区重要的水源涵养、气候调节、生态屏障等生态服务功能，同时为西安实现追赶超越提供了文化自信力和重要的资源保障。因此，保护好秦岭北麓已经成为西安争当"一带一路"建设排头兵，建设国际化大都市的关键环节之一，具有举足轻重的重要意义。

2.2　秦岭北麓西安段乡村发展概况

2.2.1　社会概况

秦岭北麓西安段东西全长 166km，南北平均宽度约为 3km，总面积 533.03km²，S107 关中环线和 S108 老环山线贯穿其中，交通区位良好。本书中涉及的秦岭北麓地区，在行政区划上包含了周至、蓝田、户县 3 县，和长安、灞桥、临潼 3 区，共计 33 个街办和乡镇，辖数百个行政村，现状总人口 48.2 万人，总建设用地 95.22km²。经测算，秦岭北麓西安段地区城镇化水平约为 38%，总体低于国家 54.77% 的平均水平，也低于陕南地区约为 45% 的城镇化率，其中周至县城镇化水平最低，仅有 30.24%，与黑河水库是西安市水源保护地有极大关联。秦岭北麓西安段其余地区发展较为均衡，均在 40% 左右。秦岭北麓农业历史悠久，人口密度相对较大，受地理区位与资源配置影响，西安秦岭北麓六区县人口密度差异较大，长安区由于位于西安市区南郊，紧邻西安市主城区，其人口密度达 2700 人/km²，远远超过了其他区县（表 2-1、表 2-2）。

2013 年秦岭北麓各区县人口一览表　　　　　　　　　表 2-1

地区	常住人口（万人）	总户数（户）	户籍人口（人）			
			合计	男	女	非农人口
长安区	110.03	304281	1039721	518470	521251	203524
户县	60.65	182900	603750	310300	293450	128863
灞桥区	60.50	174000	524000	258600	265400	248100
临潼区	70.59	198800	705900	357100	348800	118100
蓝田县	52.07	188806	651967	337934	314033	57773
周至县	57.24	177185	681458	359394	322064	63961

注：资料来源于《西安市统计年鉴 2013》《户县统计年鉴 2016》。

2009—2013 年秦岭北麓各区县人口一览表　　　　　　表 2-2

地区	常住人口（万人）				
	2009	2010	2011	2012	2013
长安区	103.37	108.48	109.01	109.54	110.03
户县	59.85	59.70	60.06	59.94	60.65
灞桥区	—	59.51	59.87	60.16	60.50
临潼区	—	65.59	—	—	70.59
蓝田县	52.89	51.42	51.65	51.88	52.07
周至县	55.72	56.29	56.59	57	57.24

注：资料来源于《西安市统计年鉴 2013》《户县统计年鉴 2016》。

2.2.2　经济概况

　　有史以来，秦岭北麓就是人类频繁活动的地区，人们在此从事传统的农业耕作，具有悠久的农业种植历史。历史上，秦岭北麓盛产草药、枣、柿子、杏、板栗等经济作物，但是长时间以来，生产工具和生产工艺落后，产业结构相对单一，没有形成规模效益。进入 21 世纪，由于我国社会经济转型，经济高速发展，秦岭北麓地区经济结构也因此发生了变化，二、三产业增长迅速，农业在国民经济中所占的比重逐渐缩小。尤其是近年来随着人们对提高生活品质的需求提升，休闲经济放量增长，使得秦岭北麓旅游业及相关的设施如森林公园、农家乐、农业观光园等如雨后春笋般蓬勃发展。旅游业收入已经成为秦岭北麓地区新的经济增长点，并且带动了所在区域的整体经济发展。随着西安城区的规模扩张，秦岭北麓地区的人口结构也随之改变，农业人口逐步减少，农村富余劳动力增多，这些富余劳动力逐步成为旅游业发展的人口资源。

　　虽然，从城乡收入差距来看，长安区、蓝田、周至等低于全国 2013 年 3.03 的平均水平。其中，长安区农村居民人均纯收入最高 12695 元，城乡收入差距最小，为 2.32。但是秦岭北麓现状经济整体增长缓慢，如表 2-3～表 2-5 所示，近年来 GDP 增长率均有所下降。随着西安城区经济的快速发展，这种差距存在着被进一步拉大的可能性。

2013 年秦岭北麓各区县旅游概况一览表　表 2-3

地区	门票收入（亿元）	人次（万人）
长安区	5.06	1020
户县	0.36	149.87
灞桥区	0.55	785.86
临潼区	7.89	907.7
蓝田县	0.50	123
周至县	0.12	89.58

注：资料来源于西安市旅游局统计数据（2013 年 12 月各景点门票收入与人数统计数据表）。

秦岭北麓地区 GDP 一览表　表 2-4

地区 ＼ 年份	2009 年	2010 年	2011 年	2012 年	2013 年
秦岭北麓地区（亿元）	323.33	397.75	473.13	536.65	563.7
人均（元）	15253	18398	21778	24570	25700

注：资料来源于《西安市统计年鉴 2013》《户县统计年鉴 2016》。

秦岭北麓地区 GDP 增长率　表 2-5

地区 ＼ 年份	2010 年	2011 年	2012 年	2013 年
秦岭北麓地区增长率	23.02%	18.95%	13.43%	5.04%
人均增长率	20.62%	18.37%	12.82%	4.60%

注：资料来源于《西安市统计年鉴 2013》《户县统计年鉴 2016》。表 2-4、表 2-5 主要选用长安区、蓝田县和周至县的数据进行测算。

2.2.3　文化概况

秦岭北麓伴随西安的建城史从公元前 11 世纪开始，先后经历了西周、秦国、秦王朝、西汉、新莽、东汉（末年）、西晋（末年）、前赵、前秦、后秦、大夏、北周、隋、唐等 15 个王朝，留下了丰富的文物古迹，秦岭北麓地区以山中寺庙为主要类型，如律宗祖庭净业寺、净土宗祖庭香积寺等。取之不尽、观之不胜的文化遗产，形成了天然历史博物馆，据统计，秦岭北麓共有古镇名村 10 个、文化景点 38 个、水库 4 座、古栈道 4 条。楼观台、终南山、骊山、王顺山等多处森林公园中也有深厚的历史文化积淀，众多典故、传说的渊源在此。

秦岭的林泉胜景孕育产生了盛唐时期的田园山水诗派，代表人物王维的传世之作《辋川集》多是在秦岭北麓的蓝田辋川别业所作。他的代表作之一《终南山》更是脍炙人口。

太乙近天都，连山接海隅。

白云回望合，青霭入看无。

分野中峰变，阴晴众壑殊。

欲投人处宿，隔水问樵夫。

全诗写景、写人、写物，动如脱兔，静若淑女，有声有色，意境清新，宛若一幅山水画，终南山之壮美，跃然纸上，令人心向往之。

杜甫、李白、白居易、孟浩然、岑参等等许多伟大的诗人，在他们不朽的佳作中也屡屡提及秦岭。"行到水穷处，坐看云起时"（终南别业／初至山中／入山寄城中故人　王维）、"晨游紫阁峰，暮宿山下村"（宿紫阁山北村　白居易）、"尚怜终南山，回首清渭滨。"（奉赠韦左丞丈二十二韵　杜甫）、"紫阁连终南，青冥天倪色。"（君子有所思行　李白）、"试登秦岭望秦川，遥忆青门春可怜。"（送新安张少府归秦中　孟浩然）、"涧花然暮雨，潭树暖春云。"（高冠谷口招郑鄠　岑参），这些朗朗上口的佳句灿若繁星，不胜枚举。足见秦岭山水承载了几多文人墨客的情怀和思绪，可以说既是山水成就了诗歌，也是诗歌传颂了山水。依托丰厚的自然与人文资源，秦岭北麓乡村也在不断挖掘自身地域特色，发展特有的乡村文化，其中长安区自 2010 年以来，先后建设打造了一批以上王村、台沟村、祥峪沟村为核心的乡村旅游度假示范村，并被陕西省政府确定为全省第二批旅游示范县。户县通过举办十届的瓜果采摘节，开启西安乡村文化的新亮点，将农业采摘、现代农业观光、酒文化展示与趣味运动、户外露营、农耕体验等活动相结合，发展集自助、休闲、绿色与环保相结合的综合文化娱乐项目，为乡村现代特色与文化的深层次发掘寻找新的方向。近年来，政府全面提升秦岭北麓生态、人文与服务环境，通过河岸治理、绿道系统建设和乡村文化发展等举措，秦岭北麓已经成为市民假日休闲度假的主要目的地。

2.3 秦岭北麓西安段相关规划政策解析

2.3.1 西安城市总体规划（2008—2020 年）

《西安市城市总体规划（2008 年—2020 年）》是由西安市政府于 2008 年向社会公布的，其中将西安市主城区向南延伸至秦岭坡脚之下。并明确指出"以秦岭为生态屏障，环山路（S107）以南将生态环境保护作为重点，严格控制城镇的发展"，城镇发展布局的主要区域被限制在环山路以北，并在此建立"一城、一轴、一环、多中心"的总体空间结构，"一环"是指用关中环线（环山路）将沿线城镇串联起来，进而形成城镇经济发展的集群带。用秀美的山水，独特的人文景观，丰富的历史文化遗存，将秦岭北麓地区打造为秦岭生态旅游区。

1. 关中一天水经济区发展规划

2009 年 6 月制定的《关中一天水经济区发展规划》中明确表示，为了保护生物多样性和生态环境，要建立秦岭北麓地区生态屏障。加强西安地区秦岭山地的生态环境保护和相关设施的建设，积极创建国家森林城市和国家环境保护模范城市，大力发展生态示范乡镇、环境优美乡镇。

2. 西安国际化大都市城市发展战略规划（2009—2020 年）

2016 年西安市提出"国际化大都市发展战略"，将"依托秦岭绿色生态资源，恢复'八水绕长安'河湖系统，建设生态宜居城市"提升到城市发展战略的层面上，明确提出建设秦岭生态风光带的战略构想。未来的秦岭风光带将进一步发挥秦岭优美的自然景致的吸引力，整合现有的自然保护区、森林公园、地质公园等自然资源，建成为度假休闲的绝佳去处，并且将秦岭风光带打造成为西安这座未来的国际化大都市的生态名片。

3. 西安市国民经济和社会发展第十二个五年规划纲要

2012 年西安市的"十二五发展规划"中把秦岭北麓地区定位为拥有世界知名的国家公园和文化名山的生态休闲旅游区。并指出，"十二五"期间要实现城市规划、建设与秦岭的保护、开发以及"八水绕长安"水系的综合治理与恢复，三者有机融合，实现人与自然的和谐发展。坚持在秦岭适度开发区内的保护与开发并重的原则，仅以点状形式布局发展对环境和生态影响较小的智力与资金密集型产业。

4. 西安市旅游发展总体规划（2013—2020 年）

2013 年的《西安市旅游发展总体规划（2013—2020）》提出西安旅游要构建"一核三心三带"的空间格局，将秦岭山地休闲体验带列入"三带"之中。并指出要改变目前秦岭景区存在的景点分散，管理混乱，规模小，品质低的现状，实现景区的优化与升级，以自然生态体验和康体养生为卖点，依托当地自然与人文优势，建立楼观道文化、蓝田温泉休闲度假、终南山地质公园、临潼秦唐文化等 13 个旅游集聚区，在国内外市场中创立"西安秦岭"品牌。这 13 个集聚区中的 6 个地处秦岭北麓地区。

然而，西安的城市发展战略虽然强调生态保护，但是对于秦岭北麓地区生态环境的破坏与威胁依然存在。

第一，主城区的发展不断"南侵"。在最新的西安市总体规划中，主城区已经南扩到地处秦岭山脚下的环山路以北。不仅如此，还提出适度开发环山路以南至秦岭北麓海拔1500m 以下的地域。可以看出，未来西安主城区将继续向南拓展，直至环山路北都是城市覆盖的区域，而且保护与发展并重的提法弹性较大，其结果往往是开发先行，保护滞后。而且，西安旅游规划也将过多的目光投射到了秦岭北麓，这一地区将成为未来旅游开发的热点地区。也就是说，西安的城市发展将逐渐深入秦岭北麓海拔 1500m 以上地区，只是在秦岭北麓地区保护与利用并重，这很难不让人担忧：秦岭北麓地区的生态环境破坏和地域侵蚀有进一步加重的风险。

第二，在秦岭北麓的功能定位上也存在混杂的现象。根据上述的规划，秦岭北麓需要承担的任务相当繁重，它既是西安乃至关天经济带的生态屏障和重要的水源涵养地，又要成为城镇经济发展集群带的基地，还要成为国内外游客休闲旅游的度假地。秦岭北麓作为生态环境脆弱、敏感区，自古以来就一直承担着大西安地区的发展重任，却始终无法在有效保护的前提下得以"休养生息",不堪重负的秦岭北麓是否能承载繁重的发展指标的同时实现生态服务,确实值得商榷。

2.3.2　以保护为主的规划政策解析

1. 陕西秦岭生态环境保护纲要

2007 年颁发的《陕西秦岭生态环境保护纲要》中按照山地区自然环境的基本特点,将秦岭依据海拔高度划分为三个区,一区海拔 2600m 以上,是中高山针叶林灌丛草甸生物多样性生态功能区,二区海拔 2600~1500m 之间,是中山针阔叶混交林水源涵养与生物多样性生态功能区,三区海拔 1500m 以下至山脚线,是低山丘陵水源涵养与水土保持功能区。本书涉及的秦岭北麓地区地处三区之中。

2. 陕西省秦岭生态环境保护条例

2008 年陕西省执行《陕西省秦岭生态环境保护条例》,共计 8 章 77 条,其中第二章第十八条进一步明确了《陕西秦岭生态环境保护纲要》中的三个区的功能定位,一区为禁止开发区,二区为限制开发区,三区即秦岭北麓地区为适度开发区。在向省级主管部门报备后,允许秦岭所在地设区的市政府在适度开发区进行开发建设。在十九条中又进一步指出要减少适度开发区中的建设生产活动对生态环境的不利影响,不得建设能够造成污染的工业项目,严格限制房地产开发。

3. 大秦岭西安段生态环境保护规划（2011—2030 年）

2012 年西安市政府出台了《大秦岭西安段生态环境保护规划》,其中明确表述了"大秦岭西安段"的范围为"北至环山路以北 1km,东、西、南至西安市行政界线,涉及周至、户县、长安、蓝田、灞桥、临潼六区县,50 个乡镇。东西长约 164km,南北宽34km,规划总用地面积 5852.67km² (其中 25°坡以上的山区面积 5319.64km²)"。

这一规划将秦岭西安段的生态功能以山脚线——25°坡线为分界,划分为生态保护区和生态协调区。其中生态保护区又细分为绝对、一般和生态控制区,在绝对保护区中禁止生产和开发,限制旅游;在海拔 2600~1500m 的一般保护区中禁止房地产开发,禁止影响环境的旅游;在海拔 1500m 至山脚线的生态控制区中禁止房地产开发,只能设置小型的旅游设施。山脚线以下至环山路以北 1km 的区域是生态协调区,在这里只能在保护先行的情况下,点状建设对生态环境影响较小的旅游、休闲、科研、新农村社区建设等项目。

4. 西安市秦岭生态环境保护条例

2013 年执行的《西安市秦岭生态环境保护条例》第十六条规定:"本市秦岭生态环境保护范围分为禁止开发、限制开发区和适度开发区,海拔 2600m 以上的区域及世界地质公园、世界生物圈保护区、自然保护区、水产种质资源保护区、饮用水水源保护区、天然林林区为禁止开发;秦岭山体坡脚线以上至海拔 2600m 之间的区域为限制开发区;秦岭生态环境保护范围内的其他区域为适度开发区"。第十九条对适度开发区的开发利用做出了补充说明:"适度开发区内,应当以提高绿化面积,发展现代农业、生态旅游为主,可以发展区域生态环境可承载的产业和进行必要的村镇建设；适度开发区内的开发建设活动应当遵守下列规定：（一）禁止建设有污染的工业项目；（二）严格限制房地产开发；（三）控制各类开发建设活动的空间范围和规模"。

从这些条例规划中我们不难看出，保护性政策不约而同地将秦岭海拔 1500m 以上的山地地带作为生态环境的红线，禁止开发并限制旅游，试图在此建立一道不可逾越的生态保护屏障。然而海拔 1500m 以下与山麓区，则被划定为适度开发区，这可以被视作是生态向经济发展所做出的让步。秦岭北麓因此优厚的自然条件逐渐成为经济增长的热点地区，一旦监管不严，开发商便可瞒天过海，保护与发展并重的政策出发点就会被抛在一边，而只顾建设开发和经济利益不顾生态保护。地方政府也往往会从自身利益出发，打"擦边球"，尽可能地攫取秦岭地区的生态红利。如 2007 年《陕西省秦岭生态环境保护条例》中将秦岭海拔 1500m 以下地区设定为水源涵养与水土保持功能区，定位为"适度开发区，不得建设能够造成污染的工业，严格限制房地产开发"；而 2011 年西安市政府的《大秦岭西安段生态环境保护条例》中，将这一适度开发区以山脚线为界，分割为生态控制区和生态协调区，控制区内可以建设小型旅游服务设施，协调区中却可以开发建设旅游、休闲、居住、科研等项目，虽然也加上了"保护优先"和"点状组团"两个限制，但不难看出这些细化无疑是一种为从适度开发区中获取经济利益而作出的铺垫。

而 25°坡线至环山路以北 1000m 的生态协调区大部分地域，属于秦岭北麓山前冲洪积扇渗水系数最高的扇顶、扇中区，是关中平原地下水补给的咽喉区域，这一地区适宜建设开发的用地非常有限，若缺乏引导不仅会影响地下水的补给，还会造成地下水的严重污染。此外，水流的下渗通道受到阻塞还会增加地表径流，容易形成洪水。

总而言之，秦岭地区现行的规划和政策，无论是保护性的还是发展性的，都或多或少地忽视了秦岭北麓地区的生态服务功能，没有将秦岭北麓地区提升到应有的位置，对秦岭北麓地区之于整个秦岭地区生态保护的重要性认识还不到位。已有的保护虽然已经有效遏制了秦岭北麓生态环境的进一步恶化，但是面对未来发展，依然缺乏更为清晰明确的保护规划与措施，和与之匹配的适应性发展引导。因此，在现有的保护规划政策的基础之上还应该进行更为深入、明确、精准、细化的空间规划研究与其对接，使秦岭北麓的保护与发展都具有明确的空间边界与发展方向。

2.4 秦岭北麓西安段乡村空间发展现状问题

2.4.1 乡村空间现状问题总结

1. 乡村野蛮生长，引发无序扩张

秦岭北麓地区因其得天独厚的水土气候条件，自古以来就是适宜农业生产的"风水宝地"，清朝以来随着外来移民的逐渐增多，这里的人口剧增，出现了大量的新生村庄。这

些村庄的选址受到自然条件的约束与限制，由于河道和峪口附近土层浅薄，山洪多发，因而村庄往往远离这里，这就使得秦岭北麓地区村庄布局相对分散。受到当地生产方式和经济基础薄弱的影响，村中的规模也较小。但是近年来，受到城市扩张的影响，随着交通条件的改善，伴随休闲消费的增长，秦岭北麓地区与西安市主城区之间的联系日益频繁，在自然风光和生态环境较好的峪口与河道附近，大量的旅游设施破土而出，不仅有高档的度假酒店、别墅地产，还有村民自发建设的超市、停车场，以及不可胜数的农家乐、垂钓园。由于峪口河道附近可用地稀缺，许多旅游设施蔓延到周边地区，整个山麓地区都成为开发热点。如今的环山路两侧农家乐比比皆是，有些甚至铤而走险，建设在河道之上，游客可以下河吃饭，餐余垃圾直接倾倒在河中。

从统计年报的数据分析中我们看到，由于各种保护措施的出台，近年来秦岭北麓地区的国家基建占地大幅度缩减，而个人建房用地却突飞猛进。如蓝田 2011 年国家基建用地 3900 亩，较上一年的降幅达到 35%，可是同期乡村基建用地增幅达到 130%，个人建房用地增幅达 120%以上，两项总共用地 5200 余亩，秦岭北麓地区乡村建设用地状况和乡村规模扩张程度可见一斑。与此相关联的乡村人口总数却呈逐年下降的趋势，据有关部门统计秦岭北麓地区除长安区以外，近年来的人口总和均为负增长，人口密度持续下降。人口减少的同时建设用地不降反升，出现这种野蛮生长的情况，反映出来的是在乡村建设的过程中政策监管与约束措施的缺失。秦岭北麓地区的生态服务功能和其对于西安地区的生态价值是不能忽视的，对其保护应该作为一切建设开发的前提和基础。然而现实情况恰恰相反，这种急功近利式的增长方式，无疑会加重秦岭北麓地区的生态压力。仅从水资源一个方面来讲，在峪口区和河道的人工建设势必会对地下水产生不可逆转的破坏。第一，峪口区和河道两侧处于洪积扇的扇顶和扇中区，是地下水的重要补给来源区，人工建设覆盖会导致降水下渗补给地下水的功能丧失；第二，无法下渗的降水会直接下泄，其冲刷作用会造成下游地区的水土流失和洪涝；第三，大量游客带来的污染物会直接影响地下水水质。

2. 道路交通满铺，乡村肆意蔓延

秦岭北麓地区虽紧邻西安主城区，但是由于过去主要以农业生产为主，与城市间的交流不甚频繁，过去仅有西万路（国道 210 的一段，1959 年建成通车）可以直接连通。随着经济社会的不断发展，目前道路交通实现了井喷式发展，又出现了子午大道、雁引公路、西太路等连接主城区的主干道路，这些南北向道路被关中环线（S107 公路）串联起来，加上原有的道路，形成了一个较为密集的公路网。近年来，政府力推村村通工程，各类县道、乡道、村道纷纷开辟或拓宽，道路交通呈现了满铺的格局。

秦岭北麓的原有乡村布局分散，在交通不够便利的条件下，乡村的扩张还是以原村庄中心为原点，逐渐向河道峪口扩散。在交通条件改善的情况下，乡村的扩张已经实现了跳跃式的发展，有些住宅直接在道路两侧、河道两边、峪口附近选址，而且从最初的一两户散点布局，发展到连接成片的蔓延之势。可以说道路交通的改变也改变了秦岭北麓传统乡村的生长方式，而这种生长方式更大地改变了秦岭北麓地区的生态环境，大面积的阔叶林被砍伐，许多原生植物被铲除，秦岭北麓地区原有的地形地貌也变得面目全非，河道两侧因采石挖沙而造成的巨坑随处可见。如今如果驱车沿关中环线行驶，只能看到房屋掩映下的秦岭，"72 峪"的峪口已经被建筑物湮没，大片的房屋已经遮蔽了山脚线，从无数的平交道口起始的一条条水泥公路像一道道利箭一样直插秦岭山脚，过去成片的良田、果林被道路和建筑物割裂，只能散落在道路两侧。更让人忧虑的是，乡村的这种蔓延方式，出现了迁延和加剧的情况，如果不加以及时的制约与引导，整个秦岭北麓地区的生态环境将遭受无法逆转的破坏。

经过对秦岭北麓现状乡村的初步分析得出，在道路交通的影响下，一些历史悠久，具有一定规模，且空间呈团块状紧凑布局形态的传统乡村，受到分散式发展的影响相对较小，而且即使受到影响，仍然能够大体保持原有的紧凑布局。相反的是原本就呈现点状或线状布局的村庄，其生长方式更加分散，用地增长幅度是团状布局村庄的近三倍，有的则高达七八倍之多。造成这种区别的原因多种多样，需要我们更深入地研究。但毫无疑问的是，实现紧凑型的乡村生长方式是减少生态环境破坏作用的有效途径。

3. 开发项目封闭独立，导致城乡难融

道路交通的井喷式增长，使得秦岭北麓地区发展实现了提速，人气的聚集使得政府和社会的投资项目纷至沓来。秦岭野生动物园、迪比斯水上乐园、白鹿原影视城等大型休闲消费项目在关中环线两侧落地。这些项目的建成使用，为秦岭北麓带来了更多的消费群体，提高了当地的收入，促进了经济发展，也加速了所在地的小城镇建设，同时也带来了新的问题。这些项目具有极强的吸引力，每逢节假日游人如云，车辆首尾相接川流不息，由于项目之间由关中环线实现串联，这种单线的繁忙联系，势必造成关中环线巨大的通行压力。于是每逢假日，关中环线往往会变成巨大的"停车场"，交通瘫痪的新闻屡见报端——"10万辆车开到环山路，西安五一近郊游挤疙瘩""西安假日进山忙，环山路变停车场""清明小长假第二天，西安环山旅游公路大堵车""环山路堵成了停车场，西安多家快捷酒店一房难求"等。更让人担忧的是，目前秦岭北麓地区通过审批的 55 个项目，无一例外地全部落户关中环线两侧，其中建成的 14 项总面积：8857.19 亩（590.48hm²）；在建项目共 10 项，总面积：7230.46 亩（482hm²）；未建项目共 31 项，总面积：11403.63 亩（760.24hm²）。换言之，还有 30 项建设会继续在关中环线附近落地，关中环线的通行压力根本无法得到缓解，更有愈演愈烈之势。

这些项目像楔子一样嵌入原有乡村之间，其功能上和产业结构几乎与周边乡村没有任何的关联，既封闭又独立，虽然在空间上都是近邻但是却像是隔着一条鸿沟。这样的布局方式将会带来较为严重的城乡隔离，也不能为乡村发展带来任何促进作用。笔者在调研过程中经常见到高端地产、休闲养生项目被高墙环绕，门禁森严，对周边村民严加防范，与所在地的村民之间"鸡犬之声相闻，老死不相往来"。这种人为地对原有乡村之间割裂和其本身文化与乡村文化之间的格格不入，势必会加剧城乡对立。

2.4.2 乡村发展适应性模式的动力因素

1. 乡村内部动力因素

（1）生产环境恶化

1）水量锐减

20 世纪 50 年代至 70 年代我国进入兴修水利的热潮之中，秦岭北麓几乎每个峪口修造了拦河坝等，这些中小水利设施取得了良好的经济和社会效益，但是一定程度上减少了秦岭的山水下行，不利于地下水和地表径流的补充，秦岭北麓大部分自然河流因此而变为间歇河，每到冬季河床基本干涸并裸露。

近年来，由于大气环境改变，降雨量偏少，连续干旱期经常出现。数据显示秦岭北麓的降水、径流和径流系数自 20 世纪 90 年代起，每年平均值较上年均呈下降趋势，而且径流量降幅大于降水量的降幅，可见秦岭北麓的水量已经到了入不敷出的境地。由于径流量的减少，秦岭北麓地区的生产生活用水更多地依赖于地下水开采，山麓地带的地下水被截留开采，进一步加剧了西安城区的缺水状况，为了保证生产生活，城区之中只能超量开采更深层的地下水，而这种竭泽而渔的方式，导致了西安城区地下水位的严重下降，产生了许多区域地下水下降漏斗，地下水位下降会导致大气降水和径流过度补给地下水，形成恶性循环的怪圈。资料显示，西安市地下水过量开采是长期以来一直存在的现象，直至 20 世纪 90 年代"黑河引水工程"投入使用之后，在政府强化了开采地下水的管理规范，关停一批自备机之后才得到缓解。但是西安市地下水已经下降到非常危险的位置，如东南郊人口密集区，地下水位普遍下降 20～100m，最大值接近 150m。区域地下水下降漏斗的不断扩大，导致地表沉降，大量地裂缝在全市范围内出现，给人民的生命财产安全造成了直接损失，构成极大威胁。由于地表沉降，矗立千年的大雁塔已经出现了超过一米的倾斜幅度，有着几百年历史的西安明城墙上也出现了明显的裂痕，如同一道道触目惊醒的伤疤一样，提醒着人们大自然的报复已经悄然靠近。可以说，大气降水的减少和人类活动对水资源的过量攫取是造成秦岭北麓乃至整个关中平原的地区缺水的两个主要原因。因此，保护秦岭水源涵养地，合理利用水资源，关系到西安乃至整个渭河流域的生态安全。

2）水土流失

秦岭北麓山高坡陡，山水下泄流速大，水流湍急，水流携带泥沙的能力很强。而且秦岭北麓地区原生的阔叶林大多遭受破坏，森林蓄水能力减弱，植被对水土的保持能力下降严重。这些因素使得秦岭北麓地区水土流失现象严重，资料显示该地区水土流失面积占比已经过半，而水土流失治理程度却低于全省平均值，可以说是流失大于治理。严重的水土流失会加剧这一地区的生态恶化，极易引发泥石流、滑坡和洪涝灾害，而且会抬高下游河床，加剧洪水危害和破坏程度。

3）旱涝频发

由于秦岭北麓地区受大陆季风性气候影响，大气含水量不高，因此干旱是常见的自然灾害。但是近年来有加重的趋势，一是干旱呈规律性密集出现，超过 30 天的干旱几乎每年发生；二是遭受干旱的地区面积也呈逐年上升的态势；三是因干旱遭受的工农业经济损失也呈逐年扩大的趋势。除了干旱之外，由于秦岭对大气的扰动作用，冬季对南下的冷空气产生阻滞效应，使得秦岭北麓地区极端低温时常出现；夏季由于西南暖湿气流和西北干冷空气经常在此地交汇，造成大范围的大雨甚至暴雨，有时还出现雷暴、冰雹等强对流天气。这些极端天气出现的频率也呈逐年递增的趋势，20 年来，渭河流域强降水灾害发生次数同比增长 50％～120％，所造成的生命财产损失非常巨大。2015 年 8 月 5 日秦岭小峪山洪导致 7 人遇难，2016 年 7 月 13 日山洪使得包括秦岭北麓地区的 5 市 18 个区县的 9 万余人受灾，直接损失近两亿元。

（2）生活环境恶化

1）水质污染

有学者对秦岭北麓西起宝鸡东至潼关的 28 条河流水质进行过调查研究，数据表明，接近 60％的河流都有不同程度的污染现象，严重污染的占 7.3％，15％左右的河流中度污染，35％左右的河流轻度污染，水质较好的河段（不是河流）有 44％左右，其中仅有不到 10％的河段水质清洁。《2014 年陕西省环境状况公报》水环境质量显示：渭河干流Ⅰ～Ⅲ类断面比例为 21.4％；Ⅳ～Ⅴ类断面比例为 57.2％；劣Ⅴ类断面比例为 21.4％；渭河支流中发源或流经于秦岭北麓的支流中黑河、涝河、沣河和沈河轻度污染；漆水河和灞河中度污染；皂河和新河重度污染。经过调研，秦岭北麓的工厂、采石场在近些年政府的严格治理中已经得到有效控制，大部分已关闭取消，不太可能继续产生污染。相反，由于水处理设施不足，加之缺乏监管，在秦岭北麓的乡村之中，许多生产生活废水是不经任何处理直排进入地表径流的。在调研过程中发现，几乎所有的河流都呈现水体浑浊，气味刺鼻，垃圾充塞河道的现象，尤其是流经周至、户县、长安 3 地的河流，越是靠近村镇的河段，人类活动对水体的污染情况越严重。

2）空气污染

西安地区空气质量近些年明显恶化，也影响到秦岭北麓地区的空气环境，雾霾天气出现的频率增高，对人民身心健康都产生了极大危害。虽然在社会与政府的共同关注下，通过强制措施治理，这几年空气质量得到了一定改善，如表 2-6 所示。但是，2016 年上半年，根据国家环保部发布：全国 74 个城市中空气质量相对较差的 10 个城市，西安仍然榜上有名。

西安 2013—2015 年环境空气质量类别统计表　　　　　　　　　　表 2-6

年份	优（天）	良（天）	轻度污染（天）	中度污染（天）	重度污染（天）	严重污染（天）	优良天数合计（天）	优良天数比例（％）
2015	15	236	76	19	18	1	251	68.8
2014	18	193	88	28	32	6	211	57.8
2013	—	—	—	—	—	—	176	48.2

注：资料来源于 2013 年、2014 年、2015 年陕西省环境状况公报。

秦岭北麓乡村空间适应性发展模式研究

3）地质灾害

有关部门提供的数据显示，在秦岭北麓西安段地质灾害易发区面积 7227.30km²，占全市国土总面积的 71.58%。全市共有地质灾害隐患点 566 处（不含城区地裂缝、地面沉降中心），其中危及 30 人以上市级地质灾害隐患点 239 处；地质灾害直接威胁 5898 户、24472 人的安全，威胁 17306 间房屋、151 孔窑洞的安全，威胁 10 所学校、2 处部队营房、8 个旅游景点、2 处度假山庄，4 座水库、3 座古建筑的安全。秦岭北麓复杂的地质条件和山高坡陡的地貌，是地质灾害频繁发生的主要因素，其主要诱发因素为地震、强降雨和不合理人类工程活动，近年来由不合理人类工程活动所诱发的地质灾害呈上升趋势。

2. 外部动力因素

（1）政策动因

1）生态文明建设成为国家大力推进方向和全社会关注的热点

近年来，生态资源枯竭，污染严重对生态环境和公众身心健康造成极大的伤害，已经侵蚀了中国发展的根基。面对各种环境问题，"党的十八大"明确提出大力推进生态文明建设，实现中华民族永续发展的战略构想。习总书记说过："既要绿水青山又要金山银山，实际上绿水青山就是金山银山。"他还进一步指出，生态兴则文明兴。这表明党和国家已经将生态文明建设提升到了至关重要的位置之上，并且将其作为我国经济转型的重要指标之一。随着国家与社会对生态文明建设的重视和认识上的进步，可以预见的是，生态文明建设必将成为我国今后一个时期里大力推进的重要工作，优美生态环境和快速的经济增长其本质并不矛盾，甚至可以产生相辅相成的良性互动关系。良好的生态环境可以促进生产力的提升发展甚至会形成新的生产力。相反，严重的生态环境问题则会削弱生产力。因此，对秦岭北麓生态环境的保护将能够催生乡村发展新的驱动力。

2）省市政府将秦岭北麓生态环境保护视为政府的重大责任

省市政府已经将保护秦岭北麓生态环境，实现和保障其生态服务功能作为一件大事来抓。市委市政府更是要在保护的前提下，以恢复和提升秦岭北麓生态承载力为目标，全力将秦岭北麓打造成为国际知名，国内一流的生态旅游目的地和西安市的生态名片。市委书记指出严守秦岭北麓西安段 166km 生态红线，要提升旅游景区品位，保护好自然和人文遗存，吸引更多的人走近自然，亲近自然。目前，政府已经采取多项举措，制定和落实水源地、生态、植被保护的各项规范条例，并且真刀实枪地开展综合治理。一些违规建造的别墅和旅游设施被强制拆除，西安市行政区内实行"河长制"，境内的每条河流、每个河段都有专门的政府部门负责人担任河长。政府的这些措施和政策的支持作用，无疑是秦岭北麓生态环境改善和乡村良性发展的坚实基础。

（2）社会动因

1）生活水平的提高，带来更高层面的精神需求

随着我国经济的进一步发展，人们的生活水平得到突飞猛进式的提高。吃饱穿暖的基本需求，已经转变为更高层面的精神需求——对美丽自然、高雅文化的需求之上。越来越

多的人渴望"采菊东篱下，悠然见南山"的悠闲时光，在闲暇时间里选择走出家门亲近自然，垂钓踏青，品尝乡村美食，这使得秦岭北麓的休闲旅游成为人们趋之若鹜的热点。这转变成为秦岭北麓地区休闲经济和旅游业收入增长的一个驱动力，而这种转变也对提升秦岭北麓环境面貌和促进旅游业产业升级起到了促进作用。

2）乡村建设目标缺失，传统经济缺乏活力

长期以来，我国乡村发展的目标不够清晰，许多乡村功能定位单一，或者淹没在城市扩张的大潮之中。秦岭北麓的乡村在发展过程中也面临这一问题，大量修造的高档地产、宾馆、度假村并没有带动所在地乡村将优越的自然环境转变为经济发展的动力，生态优势没有助推经济的起飞。森林公园、娱乐设施的落地只是夺去了乡村发展的空间，掩盖了乡村的自身特色，乡村从丰富的旅游资源和便利的交通中获取利益的能力还有待加强。将来应该结合地域特色大力发展包括生态资源、文化传承、休闲旅游等模式在内的"美丽乡村"建设。

农业生产的微薄收入难以满足当地村民的提升生活质量的要求，越来越多的人外出打工。留守人口中老人儿童占大多数，从事农业生产的劳动力严重不足，大量耕地荒废或者外租他人耕种，传统的以农业生产为主的单一产业结构难以为继，急需新的产业加入其中，实现结构调整升级，为地区提供发展动力。

（3）经济动因

1）大西安城镇职能体系进一步科学与完善，秦岭北麓是农业、观光休闲产业发展主基地。

西安的城市职能随着建设"国际化大都市"目标的确立，进一步构建特色鲜明的城市发展框架。加大向高新技术、旅游、商贸职能的转变，提升"主城区-副中心-组团-小城镇"的四级城镇体系完整性。秦岭北麓地区分布有众多城镇，这些城镇处于大西安城镇体系的第四级，是大西安发展、提升城镇化质量的基础。《秦岭北麓西安都市现代农业示范区规划（2012—2020）》指出："秦岭北麓地区是西安市主要的农产品供给基地；为突破城市发展空间瓶颈，建设都市型现代农业，统筹考虑秦岭北麓生态平衡和区域群众致富需求，拓展城市新空间，在秦岭北麓环山路沿线地带建设西安都市现代农业示范区；示范区包括西安市秦岭北麓环山路沿线及其以北地区，南横线以南大部分地区"，并将在2012—2020年"把秦岭北麓西安都市现代农业示范区建设成为中国西部都市现代农业的先行区，西安国际化大都市的重要功能区，国际化大都市的优质农产品供给区和国际化大都市的农业先进生产要素聚集区；并且通过多种途径和形式，引导西安市的资金、技术和人才等要素投入农业、流向农村、造福农民，全面建立以工促农、以城带乡的有效机制，将示范区建设成为西安国际化大都市的农业先进生产要素聚集区示范基地"。

2）秦岭北麓商贸、旅游、金融等第三产业占主导

秦岭北麓蓝田县以建设"人文山水蓝田，西安东部新城"为目标，依托蓝田生态、人文资源，以全域旅游为发展指向，按照"板块突破、全域拓展、精致开发、梯度推进"的

总体思路，以生态旅游、乡村旅游、红色旅游、休闲度假旅游为重点，以康体养老、文化旅游、研学旅游为补充，以"绿山、秀水、美镇、靓村"为抓手，以"旅游＋"为融合带动，全时空动员、全要素激活、全产业融合、全方位推动，实现全县旅游跨越发展，将旅游业打造成为蓝田经济社会的引领产业；争创陕西省旅游示范县、大西安生态休闲度假示范区，成为华夏文明寻根地，助推大西安国际一流旅游目的地城市建设。《长安区旅游总体规划》对长安区的旅游发展总体定位为："长安区是西安乃至关中地区休闲度假首选的旅游目的地，同时也是集自然观光、历史文化、温泉度假、生态探秘、文化体验、登山探险、科技教育、宗教朝拜为一体的综合性旅游区"。临潼区定位为以自然风景、历史文化及文物旅游为特征的现代化国际旅游城市。户县定位为秦岭北麓文化旅游服务基地、城乡统筹和都市农业示范区、大西安山水宜居新城等等。秦岭北麓各区县的发展定位为村镇产业适应性发展转型提供了持续的拉动作用。

第3章 秦岭北麓西安段生态变迁与乡村演变历程

3.1 生态环境变迁历程

3.1.1 原始时期生态环境丰沃

秦岭北麓地区可以印证最早出现的人类活动可以上溯到距今70～150万年前的"蓝田人"时期，那时的西安地区温暖而潮湿，平均气温较现在高3℃左右，水草丰茂，属于亚热带气候，其动植物物种也呈现这一特征。山地森林以亚热带落叶阔叶与常绿阔叶林为主，在黄土台塬上分布的多为亚热带落叶阔叶林，同时还有数量巨大的竹林分布在山前洪积平原的前缘和河流两岸的低洼处以及大型湖泊区。由于水资源丰富，还存在一些水生与沼泽植被。动物包括剑齿象、大熊猫等草食动物和剑齿虎等肉食性动物。这一时期的人类才刚刚起步，数量不多，对自然的改造能力还很弱，所以人类的活动对生态环境的影响很微小，山区、台塬、平原地带的原始自然植被并没有受到人类的扰动。

进入新石器时代后期，地球气候逐渐变冷，到了西周时期，秦岭北麓的气候条件基本与现在的气候条件大致类似。这时的植被发生了重大转变，温带落叶阔叶林占据主导地位，海拔较高的山区则以针叶林为主，间有阔叶林，黄土台塬地区分布的是温带阔叶林，山前洪积平原和渭河冲积平原地区则是温带阔叶林与常绿阔叶林交杂，竹林已经退缩至秦岭山谷和平原上小块的气候适宜地区，水生与沼泽植被面积也大大缩小。由于这时的人类已经实现了进化过程的飞跃，改造自然的能力极大增强，所以这一时期的农业种植区域逐渐扩大，种植植被也成为秦岭北麓地区植被的构成因子之一。但是此时的人类活动，依然不足以影响秦岭北麓地区的生态环境。

3.1.2 秦至唐时期平原森林受到侵蚀

秦汉时期的秦岭北麓，在平原地区和山区还存在大面积的森林，这一时期的关中地区在古籍中被称为"陆海"，言其森林之茂密。西汉时期出现了一次气候转暖的过程，渭河平原上残存的竹林蓬勃生长，不过这一过程较短暂，回升温度和大气水汽含量还没有达到大范围影响植被分布的程度，所以此时的植被与西周时期特征一致。但是由于社会生产力的发展，大片土地被开辟为农田，宫廷王室也兴建了大量的行宫别苑，在黄土平原、河谷、平原地区，人工培植植被较之前有了更大面积的增加。魏晋南北朝时期，由于人口数量的进一步增加，农业耕种面积进一步扩大，平原森林被大量砍伐，直至隋唐时期，由于隋大兴城、唐长安城都是规模宏大的巨型城市，平原森林几乎被砍伐殆尽，木材被用于修造城市，林地被用于农业生产，而且在隋唐数百年的统治期间，人类的索取之手进一步地伸向了秦岭山地，山地森林的砍伐规模也是前所未有的。唐代诗人白居易的《卖炭翁》，头一句就是"卖炭翁，伐薪烧炭南山中"，可以说，这一时期人类对于植被的影响初见端倪。

3.1.3 宋明清时期山地森林遭受破坏

宋朝都城虽然在开封，但是秦岭地区仍然是其主要的木材供应基地。明清时期，山地森林的砍伐已经到了前所未有的程度，据文献记载，明清时期的秦岭北麓半山的森林已经被过度砍伐，变得稀疏，不再呈片状分布了。可以说这一时期的人类活动对生态环境的影响已经达到严重的程度了。这一时期的关中地区气候不稳定性逐渐增强，连年大旱和多年不遇的大洪水等自然灾害的记载也在古籍中经常出现。可以说，过度的森林砍伐使得山体涵养水分能力退化而造成频发的洪水，而干旱也与人类活动破坏自然植被难脱干系，人为因素的干扰对秦岭北麓地区的环境变化起到了催化作用。清代晚期，大量南方移民迁入秦岭山中和秦岭北麓，移民缺乏土地，因此多数人在山中从事烧炭、伐木、采矿等对自然环境破坏较大的行业，人类的活动已经极大地改变了秦岭的面貌，森林植被破坏严重，大量土地被用作农业种植，山区水土流失现象严重。现在的秦岭北麓地区多为森林被破坏后自然恢复的天然次生林，古木巨树凤毛麟角，原始森林只在秦岭南坡的太白、宁陕、佛坪等深山之中苟延残喘，可见历史上这一地区森林被破坏的严重程度。

秦岭北麓从上古时期的水草丰茂，到秦汉时期的森林遍布，再到清代晚期的树木凋敝，一方面是气候变迁造成的，但是人类活动的破坏难辞其咎，秦岭北麓植被的变换充分证明人为因素对自然环境的负面影响。但是终南神秀始终是蕴藏在秦岭的山间水中的精髓，只要方法得当，措施有效，上下齐心，众志成城，秦岭山脉的林泉胜景终有重新焕发的一天。

3.1.4 近现代以来生态环境无暇恢复

21世纪以来，由于社会生产力的巨大提高，工业发展飞速，人口增长迅猛，秦岭北麓的生态压力进一步加大，生态环境破坏程度加大，生态安全问题层出不穷。大自然被作为索取和被征服的对象，森林资源被无原则地砍伐，中草药被毫无保留地采集，毁林开矿，毁林开荒，不加限制的旅游开发等恶劣行为使得秦岭北麓自然植被面积极大萎缩，森林覆盖率下降了将近20%，木材储量下降70%，生物多样性受到了不可逆转的破坏，不但数量削减，许多珍稀物种更是濒临灭绝。可以说，秦岭北麓的生态压力并没有有所缓解，反而是加剧了。由于人类的无度索取，秦岭北麓的生态环境无暇恢复，长时期以来没有得到任何喘息的机会。这种糟糕的情况如果持续下去，秦岭北麓的生态系统只能面临全盘崩溃。

因此，秦岭北麓的生态环境已经不是进行维护、保护，保证其不再被破坏这么简单，未来更应考虑如何对生态环境进行修复和恢复。显然，这需要从更大范围，使用更系统的方法对生态环境进行整体性的研究，探索能保证其安全并健康发展的生态格局与生态恢复方法。

3.2　乡村空间演变历程

3.2.1　原始时期

秦岭北麓早在距今约 100 万年前就出现了人类的足迹，"蓝田人""半坡人"先后生活在此，可以说这里是中华民族孕育产生之地。现代乡村的雏形，在距今 6000 多年前的"半坡人"聚落中就已经初具。半坡聚落逐水而居，聚落中不仅有供人居住的屋舍，还有供公共活动的大屋，不仅有做仓储用的"库房"，还有饲养牲畜的圈栏，整个聚落被壕沟环绕，壕沟之外还有公共墓地以及烧制陶器的窑厂。至西周时期，秦岭北麓地区已经出现了更多的村落，根据长安县志记载，长安较早出现的一些村社、村落可以上溯至周代的镐、丰、灵台、白亭、杜、樊等。西周时期，农业栽培植被也相应有了明显的增加，在黄土台塬上分布着以黍为主的旱作农业栽培植被，在渭河及其支流的冲积平原上，则分布着黍与局部稻作农业栽培植被。可以说，秦岭北麓的乡村具有悠久的演进历史，是我国古代村落的典型代表。

3.2.2　周、战国时期

这一时期，由于受社会生产力发展的影响，人们对自然无法进行科学的认识，以山川河流为对象的自然崇拜就变得理所当然。对于名山大川甚至海洋的祭祀活动，屡屡见于史册，从帝王将相到平民百姓，对山川的崇敬都如出一辙，秦始皇在泰山封禅就是想向黎民传递自己是受命于天的信息。

秦岭北麓山峰高耸入云，终日烟云缭绕，谷深林静，鲜有人定居于此，被人们当作求仙问道和祭祀的场所，自古就有"问道终南"之说。周朝发端于秦岭山脉，对秦岭的崇敬更是达到了无以复加的地步。

春秋战国时期秦人的活动并未翻越秦岭山脉，还在延续逐水而居的生活习惯，渭河水系纵贯关中，成为秦人繁衍壮大的生命源泉；此时关中平原已是兵家必争之地，汉代的贾谊在《过秦论》中提到"秦孝公据崤（崤山是秦岭支脉）函之固，拥雍州之地"，可见秦岭是当时公认的秦人的安全屏障。对于给予保护与给养的秦岭，秦人也始终敬畏与崇拜。自周以来，秦岭山一直作为求仙问道的圣地，位于周至的楼观台更是久负盛名的道家圣地，楼观台背靠秦岭，俯视大地，景美而形胜，道教创始人老子选择在此讲授《道德经》，使得这里也成为道教发端之地。这一时期秦岭在人们心目中是神仙、圣人居住的地方，秦岭北麓的乡村只有少量的分布，从资料上看相比原始时期聚落分布还要更少一些。

3.2.3 秦、汉时期

秦汉时期，封建制度进入繁荣期，统一的中央集权制国家出现，使得社会生产力极大发展，人口数量剧增。这一时期的秦岭北麓由于紧靠都城，人类活动频繁。汉两代在秦岭北麓兴建皇家别苑——上林苑，作为皇家狩猎和游玩的处所，上林苑规模宏大，占地极广，涵盖了现在的周至、户县以及咸阳、兴平的一部分。根据长安县县志记载，新莽时，长安县见诸史册的有 6 乡 13 亭 25 里。《汉书》中记载："东南至蓝田（今陕西蓝田县）御宿、昆吾、宜春、鼎湖、旁南山（今秦岭），至长杨、五柞（今陕西周至县），濒渭水而东，北绕黄山，周袤三百里"。

另外，秦朝联系首都长安与洛阳、西南广大地区，加强王朝统治还开创了邮驿制度，为方便邮驿而修造的"直道"和驿站、馆舍、栈道等设施，第一次打通了秦岭山脉，成为沟通中国南北的重要命脉。有的驿站和馆舍在就近乡村设立，后期发展成为乡村。秦岭北麓中的多条栈道的遗迹现在仍然清晰可见。如沟通汉中和关中地区的子午道联系秦蜀的斜谷道。汉太祖刘邦就是用了韩信之计，明修栈道、暗度陈仓从而入主关中，凭借秦岭的荫庇，休养生息、蓄势待发，逐渐开疆拓土一统天下的。

3.2.4 隋唐时期

魏晋南北朝时期，在中原地区出现了不同民族的多个政权，并且频繁更替。由于多民族的相互融合，这一时期的文化也呈现了前所未有的多元化，佛教、景教、祆教、伊斯兰教在这一时期纷纷传入中国。由于佛教的教义被当时的统治者所接受，南北朝及隋唐时期，佛教在我国广泛传播，兴修了大量庙宇，许多文人雅士为求"清、静"，常常寄宿于寺院之中，为了提升居住感受，在寺庙之中修造了园林。位于秦岭北麓圭峰山下的草堂寺，便是其中的代表之一。秦岭北麓地区风景优美，自然条件优厚，许多士族权贵在此修造别业，希望借此休养生息，过上恬淡的隐居生活。后来这些别业的所有者皈依佛教，将其舍于寺庙，因此秦岭北麓的寺庙园林的规模和数量可观，其修造水平也达到了一定高度。这些寺庙由于权贵的追捧，聚集了大量财富，田产地产数量庞大，使得许多失地农民租用寺院土地耕作，逐渐地在寺庙周围形成了人口聚集，并形成了乡村。

隋唐时期，中国的封建社会进入鼎盛时期，社会生产力又进一步发展，不单是皇家氏族，还包括将相权贵在秦岭北麓修造园林，有的作为休闲享乐之所，有作为隐居清修之地。这些园林别业与秦岭自然山水紧密结合，景观丰富。一时间，秦岭北麓亭台楼阁林立，谷幽泉青，寺观密集，引得人们纷至沓来附庸风雅，成为皇都之中上流社会人士汇聚之处。

隋唐时期随着都城人口的增加，朝圣人群也逐渐形成规模，寺庙道观沿途及附近开始出现一些为善男信女提供服务的汤房，即负责提供汤饭和休息的服务点，秦岭北麓基于这些汤房发展成为乡村的不在少数，长安区五台留村就是南五台七十二座汤房的起点。唐朝疆域辽阔，为加强统治，必须大力发展交通，因此在秦岭山中设置许多驿站，以利于沟通南北。因此，乡村在人们多种交通、休闲、朝圣和娱乐需求下逐渐得到长足的发展，农业设施逐渐增多，人口增长，乡村规模随之扩大。据记载，唐代秦岭北麓主要分布有丰谷乡，清关乡，灵泉乡，义川乡，黄台乡（黄台里）等 5 乡。唐朝在城内设坊作为基层行政单位，在乡村则设立乡和里，其中每 100 户设 1 里，每 5 里设 1 乡，据此可以估算出，唐代的秦岭北麓 2500 户，共计 10000 人左右。

3.2.5　明清时期

自明代至清中期，出于加强统治的要求，政府组织了几次大规模的人口迁徙如：明代的洪洞移民和清代移湖广填四川。这一时期的陕西地区，由于遭受多次自然灾害和战争摧残，人口以流失为主，汉唐时期秦岭北麓的一派繁华景象早已不复存在。到清晚期，由于秦岭地区自然条件优厚，地广人稀，大量外来人口自发迁入。秦岭北麓的村庄只有十分之一是清代之前存在的古村，其余的百分之九十都是这一时期闯入的，有的县（蓝田）外来人口几乎占到了三分之一，村庄数量迅速暴增了十余倍，秦岭北麓地区外来人口规模可见一斑。

人口迁移对地域经济和生态环境的改变作用是不容忽视的，人口数量的增加使得关中地区经济发展加快土地、矿产资源得到更大程度的开发利用。明代的秦岭北麓各州县，东起华州，西至宝鸡、眉县，各县都得益于丰富的森林储备而"绕于材木"。蓝田县山中多异木奇卉，地处户县的涝峪峪口成为木材销售集散地，秦岭的木材经由此销往关中各县。"白水县，宫室器用竹木是需，土罕筱，木有数章（柏、柳、榆、槐、杨、椿、樗、桐、檀、桑、柘、楸、皂角），顾不足以充隆栋干，治室者率易之渭水之涯，驮载而来，亦甚劳矣"。富平县所需木材也多由此购入，"吾郡不通河筏，故取材于山，山木非尽良也，一撒则多蠹而罔适于用，乃费数十金购之渭上"。人口的迁入在加速社会发展的同时，也对自然环境产生了负面作用，毁林开荒，毁林开矿使得森林植被遭受重创，山区出现了严重的水土流失，洪涝灾害频繁发生。

3.2.6　新中国时期

新中国成立初期，中国急于摆脱贫穷落后的农业国家的帽子，推行工业化进程，甚至把工业烟囱的数量多寡作为是否能赶英超美的标志之一。全国各地工矿企业纷纷上马，作为西北重镇的西安自然不甘人后。不仅国有的采石场，水泥厂林立，乡村也紧随潮流发展起了乡村工业，挖沙采石的机器挤占河道，随意排放的污水污染了河流，为缓解水资源的匮乏，在秦岭北麓兴修了大量的中小水利项目，使得地表径流缩减，造成了地下水的过量开采。这些工业化进程，为社会生产力的提高提供了一定的帮助，但是同时也破坏了秦岭北麓的生态环境。为了追求经济指标和粮食产量，大量林地被开垦使用，森林被乱砍滥伐，随意开矿，开山采石，这一时期秦岭北麓地区遭受的生态破坏，较之清代晚期更甚。近20年来，随着党和政府对生态环境保护的日益重视，一批保护性规范和法规相继出台，加之飞播造林、人工植树等技术手段的运用，秦岭北麓的生态环境恶化问题得到缓解，但是还远没有达到恢复生态的目标。在市场经济大潮的冲击下，急功近利的掠夺式开发利用随时都有可能死灰复燃采石场、采沙场、私自开矿。乱搭乱建、肆意侵占河道的现象屡禁不止，这些都告诉我们，保护秦岭不能仅仅停留在口号和政策上，要采取切实可行的办法和措施，恢复秦岭的林泉胜景任重而道远。

3.3　乡村空间与生态环境相互影响关系研究

3.3.1　乡村选址与生态环境的影响关系

1. 与自然之间不断容错纠错形成的选址方式

人类从原始聚落到形成早期城市，无一例外的都是完全依赖于自然生态环境，自然对人类生活的作用力极大。人们选择依山傍水的自然山水地貌，居住在天然的崖洞，这些原始居住点的选择均来源于不断犯错不断修正所累积的经验教训，即不断遭遇水灾、旱灾等自然灾害和日常生活的种种不便才逐渐采取适宜的选址模式。根据史料记载，早期城市的迁址重建是经常发生的，其中有记载迁都的夏朝18次、商朝21次、周朝11次，虽然迁都原因众说纷纭，但是水患却是最普遍的看法。文献《蔡传》中说："自祖乙都耿，圮于河水，盘庚欲迁于殷"。《书序》中也说："迁乙圮于耿。"圮在《尚书正义》中解释为："圮，毁也；河水所毁曰圮"，说明殷人迁都是水灾造成的影响。可见，古人是在与自然的相适应过程中不断地总结和积累经验，才最终掌握了乡村选址的基本规律。秦岭北麓的乡村选址也不是一朝一夕完成的，而是在世世代代不断的试错、纠错中摸索经验。秦岭北麓山高坡陡、河流湍急，极易发生洪水，根据历史资料记载秦岭北麓的很多乡村都因为洪水或被淹，或迁徙。例如长安区子午镇原有东、西、南、北豆角四个村，其中东、西豆角两村被洪水冲毁早已不复存在。可见，现在的村落分布格局都是在和自然之间不断试错磨合，而逐渐形成的相对稳定的状态。

2. 乡村、城市与生态形成的相互制约关系

关中平原自商代始就不断有政权建都于此，都城从邻近渭河逐渐由北向南迁移，规模也日渐扩张成为世界级大都市。城市的扩张必然会带来对生态的侵蚀，因此城市的印记从平原到台塬、从台塬到山麓、从山麓进而延伸至山区腹地。秦岭北麓的乡村受到城市的强大辐射影响，与城市的发展有着与生俱来的密切关系，承担着资源供给、生产输出、劳动力输出、富余人口接纳的重任，同时还要满足大量城市人口的文化、休闲和娱乐等活动的

服务需求。因此秦岭北麓的乡村、生态变迁和城市发展均密切相关且相互制约，他们之间的影响关系可以概括为三个时期进行说明：一是生态兴—城市兴—乡村兴时期。这一时期秦岭北麓乃至关中平原都是一派水土丰茂、资源富足的景象。农业社会时期城市与乡村一样对生态环境的依赖十分强烈，丰厚的自然资源基础决定着城市发展前景。唐时长安城面积达 84km²，是汉长安城的 2.4 倍，明清北京城的 1.4 倍。比同时期的拜占庭王国都城大 7 倍，较公元 800 年所建的巴格达城大 6.2 倍，人口最多时接近 300 万，是当时世界第一大都市也是中国历史上规模最为宏伟壮观的都城。乡村在这一时期也获得较大的发展，成为城市生态、生活、生产综合服务区。而这一切都来自生态红利，大量的森林植被、沃土肥水转化形成了世间繁华。所以说生态兴造就了城市兴，城市兴也促成了乡村兴；二是城市兴—乡村兴—生态衰时期。都城的建设与扩张都需要大量木材，从镐京到长安，宫殿建设、城市建设、陵墓修建和栈道修建都要消耗大量森林，几百万百姓日常生活也需要大量木材供应，同时还要开荒种地囤积军粮。再丰厚的自然积淀也承受不住过度的消耗，秦岭北麓在上亿年形成过程中储存聚集的太阳能等自然能量在短短几百年内就被迅速耗尽，这种不可持续的能量使用方式总有终结的一天。最终，秦岭北麓成为名副其实的秃山，水土流失、洪涝多发，曾经的摇篮俨然成为坟墓，是孰之过？三是生态衰—城市衰—乡村衰时期。当长安周边的山林砍伐殆尽的时候，就已经预示着世界第一大都市悄然走到了尽头，曾经的辉煌难以为继，甚至将如同泡影一样不复存在。当"陆海"被消耗成为荒漠之后，都城也成为废都，城市衰败、乡村凋敝。虽然都城迁徙有诸多战乱和政治的原因，但是即使没有外在因素，长安城的发展潜力也将受到生态资源的严重制约，无力继续支撑如此庞大的城市规模了。历史的经验可以告诉我们生态兴可以带来城乡兴，生态衰则导致城乡衰，但是有没有能够实现共赢的途径呢？

3.3.2 乡村职能转换与生态环境的影响关系

1. 修行隐居职能与丰茂的生态环境

上古先民，对无法认知的事物必然神化。他们"敬天""畏天"，对自然充满敬畏，无法驾驭的山川河流都是他们崇敬的对象，《诗经》等先秦典籍中的某些篇章，如"於皇时周，陟其高山。嶞山乔岳，允犹翕河"中透露出的是对河川的崇敬。因此，为显示出对秦岭的尊崇和其在人们心目中神圣不可侵犯的崇高地位，世俗生活始终与秦岭保持着一定距离，人类在此活动多以求仙问道的修行隐居为主，此时的生态环境很少受到人为影响，维持着原始的风貌。

2. 宗教服务职能与优越的生态环境

秦汉时期本土宗教开始萌芽，秦岭北麓成为诸多宗教派别的发源地，老子讲授《道德经》于周至楼观台，并留下说经台遗迹（后期户县祖庵重阳宫又成为道教全真祖师王重阳的修道和葬骨之地，成为我国金元时道教全真派的三大祖庭之首）。正因为如此，秦岭北麓也是中国道家和道教思想的发源地。由于秦岭北麓在隋唐时期临近都城的独特区位优势，因此佛教中的六大宗派祖庭地处于此，伟大的佛教翻译家鸠摩罗什就曾在圭峰山下的草堂寺译经，可以说秦岭北麓是中国佛教传播的重要发源地。这一时期，由于受到秦岭北麓神圣光环的召唤，朝圣人群逐渐增多，交通也不断发展，乡村的服务功能逐渐凸显，乡村点也因此增多，但是少量的人群干扰并未给秦岭北麓的生态环境带来影响，生态环境依然优越。

3. 休闲娱乐功能与和谐的生态环境

在魏晋南北朝数百年的积累和发展下，人们对自然山水由崇敬畏惧之情，发展出了喜爱欣赏的审美情趣。充满生活情趣和对自然赞赏的山水诗、山水画在这一时期大量出现，山水美学的出现代表了人们对自然从宗教到文化审美的转变。文人雅士行旅于秦岭优美的环境之中，用诗歌和图画赞美自然，并且寄情其中，权贵将相修造园林，融山水于生活中。隋唐盛世，经济、文化繁荣，皇家园林与寺庙多修建于此，秦岭脚下佛寺林立，鸠摩罗什等大德高僧修佛葬骨于此。丰富的文化遗存和优美的风景，引得人们纷至沓来。公文往来、官员穿梭与文人游历打破了秦岭的千年沉寂，高高在上的圣地此时变得亲切怡人，成为人们日常游憩之地。此时，虽然秦岭北麓的人群活动愈加频繁，但是主要还是以短期游览为主，长期定居的乡村人口即使增加也属少量，按之前估算的唐时期秦岭北麓的人口计算，人口总量仅为现在的几十分之一，因此呈现的是一派人与自然和谐互融的景象。

4. 生产生存职能与衰落的生态环境

隋唐之后，政治中心逐渐远离秦岭北麓，这里的人口数量有所下降，但是西安仍然是西北重镇和西北地区的经济中心城市，自明清以来，受周边自然条件恶化的影响，西安地区逐渐陷入缺水的困境，生态环境逐渐恶化，大量移民进入秦岭山区，不仅如此，为了维持自身生存，难民们在缺乏政府管制的情况下，刀耕火种、破坏山林，开山采矿，严重破坏了山区原始地貌和植被。秦岭北麓在难民眼里已毫无往昔的神圣，更无审美可言，只是生存路上的垫脚石。从历史的发展长河来看，秦岭北麓生态环境的恶化就是从清代难民占据秦岭时期开始的。

5. 工业开发职能与恶化的生态环境

1935 年陇海铁路、1936 年川陕公路的建成通车，为工业化的进一步发展提供了有力的交通条件，也标志着西安地区从此进入了工业文明发展期。但是由于监管缺失，秦岭北麓生态环境为促进工业经济的增长付出了惨重的代价，工业化是这一时期秦岭北麓乃至秦岭山地最明显的变化。矿产、砂石均被肆意采用，生态功能已无法正常运行，生态环境面临衰竭。当前，我国工业经济已经进入发展后期的前半段，生态危机已成为国际共同面临的难题，全世界都在关注生态保护。此时政府开始采取措施，关闭了大量矿山、采石场、造纸厂等污染严重的工矿企业，并着手恢复被破坏的生态环境。但是好景不长，随着新一轮的地产与旅游经济的发展，山水环境成为可以牟利的卖点，秦岭北麓继而又成为地产开发的热点区域。走下神坛的秦岭北麓在人们心目中早已成为可以随时变卖的商品，任由人类支配、滥用。

秦岭是中华民族重要的诞生地，是华夏文明的发祥地，是我国中华文明核心价值观的诞生地，在国家生态安全格局中占有举足轻重的地位。但是今天，秦岭在人们心中的地位却根本无法匹配秦岭本身的地位和价值，因此，秦岭与秦岭北麓价值的提升与恢复还需政府与社会各界的共同努力。

3.3.3　生态变迁关键转折点解析

1. 山麓区森林破坏与河流水量衰竭转折点

从秦岭北麓历史上生态环境变迁可以看出，以"八水绕长安"为代表的长安水系的衰落，虽然是时间累计的长时间的变化过程，但是这个过程并不是匀速进行的，而是以唐代晚期对秦岭山麓森林的破坏为节点的，从那时起长安水系才发生了陡然的变化。在此之前的几千年，长安地区包括水环境在内的生态环境都是十分优越的。以受人为影响作用最大的滈河为例，唐代宗大历元年（公元 766 年）还可以引滈河之水作为漕运之用，从秦岭向长安城中输送木材，可见其水量的丰沛。及至唐朝之后的北宋元祐年间（公元 1086 年），诗人张礼则是采取徒步形式蹚过滈河的，说明水量已经大为缩减。滈河的变迁也是西安周边生态环境变迁的一个缩影，从前文中我们可以推演整个过程，森林的砍伐与破坏首先从关中平原开始，森林逐渐让位于农耕，到南北朝时期，平原森林已被完全消灭。隋唐时期，对森林的破坏向山区蔓延，直到明代，秦岭北坡只有不成林的树木存在，这说明山麓区的森林也已被砍伐殆尽了。森林数量的缩减和径流流量的缩减在时间上基本一致，这说明破坏森林植被直接造成了河流水量的衰竭。

2. 河道两岸刀耕火种的农业开发与河水变浊转折点

历朝历代用刀耕火种的原始方式对山地进行毫无节制地开发，大量消耗了森林资源，从而引发严重的水土流失。虽然精耕细作的农业生产方式早在战国时代就已经出现在关中地区，但是却丝毫没有对山地的开发利用起到促进作用。山地开发始于河道两侧，一是便于农民取水灌溉，二是便于借助水力输送物资。由于山地地形崎岖，搬运费力，不利于使用过多的农具，所以人就自然而然地采取原始的方式，放一把火，把山林和植被烧尽，再在其上进行农业作业。而且由于山地土层较薄，含有机质和养分不多，地力不足，一般耕种一两年后，农作物产量就会大大减少，所以农民往往耕种一两年便弃之不用，而重新烧荒开辟新的山地。这种方式在秦岭山区被长时间广泛使用，造成了山地植被的大面积损毁。同时，农业作业改变了山地的土壤结构，使其更加疏松，在坡度较大土质疏松的山地上，如果缺乏植被保护，一旦遭受暴雨，就会产生大量的水土流失和山洪、滑坡。从史料中我们可以发现，明朝时期秦岭山区山地森林遭受破坏的同时秦岭北麓下游河流开始由清转浊，不得不承认，山地开发尤其是山间河道两侧的土地开发对于秦岭地区水土流失和下游河流由清转浊负有不可推卸的责任，这也成为秦岭地区生态恶化的主要原因之一。

3. 难民占据山麓与生态环境全面恶化转折点

明清难民全面占据秦岭北麓，连坡地也开垦成了农田，可知山前冲洪积扇区的扇顶、扇中渗水能力最强的区域都被原先的村庄和农业用地占用。大面积的开荒使得秦岭北麓的蓄水能力逐渐减弱，水土流失更加严重，洪水灾害也变本加厉，清代以来记载的洪灾强度与危害程度都远远超过以往。水资源是生态环境的主要控制因素，秦岭北麓水源供给等生态服务功能均遭受破坏，首当其冲的是下游关中平原的生态品质受到极大的影响。清代以来西安气候恶化，数次大旱，水资源极度紧缺，人类不得不承受生态恶化带来的后果。现今紧邻秦岭的西安空气污染程度已严重到成为全国之最，可见秦岭北麓的生态服务功能早已严重退化。

3.4 秦岭北麓西安段乡村与生态关系的反思与启示

秦岭北麓扮演的角色在不断转变，从人类的父亲山、摇篮、守护神，到衣食父母、救命稻草，最后成为摇钱树，这真实反映了人与自然的关系。自然从高高在上的神圣地位跌落到了人类的脚下。古代人有信仰的约束，对秦岭北麓始终保持敬畏，即使交流频繁但也绝不会肆意侵犯，始终保持着和谐的关系。现代人无法用信仰来约束，只能依靠政策制度、规划规范来管理，因此建立清晰明确的空间管制规划，明确从宏观空间、中观空间到微观空间进行多层次系统性制约，将控制进行量化、细化，才能有可能控制住人们不断求扩张、求发展的欲望。生态兴则城乡兴，但是城乡兴是否能扭转生态衰的恶性循环，也能让生态兴，或者将生态控制在可持续平衡发展的状态下？如果可以实现这个构想那么这个平衡的生态格局又是什么样，如何分布，规模怎样？同时，生态是一个大系统，不能只看局部，以偏概全。秦岭北麓的生态如何达到平衡，如何带动整个关中平原实现生态平衡？这些都非常值得研究。另外，秦岭北麓的乡村格局是历史长时间形成的，的确对于秦岭北麓有生态适应性的优点，但是这种长期自组织形成的空间格局如何复制？这种空间格局又如何适应今天的生活生产需求？这些都需要进一步探索。

第4章 秦岭北麓乡村空间多尺度
生态适应性规律探寻

4.1 宏观尺度：秦岭北麓乡村选址布点生态适应性规律研究

  地质构造控制一个地区的地形地貌和地层岩性组合，地形地貌是地表水流最主要的控制因素，而地层组合不同就形成了特定的蓄水结构，岩性组合及岩层厚度决定了地下水的类型与分布、运移，而水资源是生态环境的主要控制因素。秦岭北麓独特的地形地貌特点决定了水系展布、土壤性质以及地下水分布，也间接决定了这里的乡村布局。目前，秦岭北麓乡村大部分已面貌一新，但是从诸多村子残存的寨墙、寨门、碑石等遗址遗迹和大量的历史记载和典故可以推断，秦岭北麓的乡村几乎都是在古村落的原址上发展延续的，也就是说秦岭北麓的传统乡村已经持续发展了千百年。乡村布局历经山麓地区特殊生态环境的考验已经趋于稳定，是长期以来人类适应自然环境的结果。因此，面对如今实现可持续发展已经成为全球诉求的时代，这些乡村的生存经验就显得弥足珍贵，针对这些乡村空间进行多尺度的生态适应性研究也尤为重要，通过研究揭示其中蕴含的规律与经验，对未来秦岭北麓乡村实现可持续发展大有裨益。

  由于秦岭北麓拥有众多大小等级不同的峪道，当河流流出峪口时，摆脱了侧向约束，其携带物质便铺散沉积下来，在河流出山口处形成扇形堆积体即冲洪积扇。冲洪积扇平面上呈扇形，扇顶伸向峪口；立体上大致呈半埋藏的锥形。冲洪积扇是洪流一边侵蚀沟床、沟坡的同时也将大量的碎屑物质搬运到沟口或山坡低平地带，因流速减小而迅速堆积形成扇状堆积体，体积较大而坡度较小。山区河流河床比降大、流速急，河流搬运能力极强，不遇洪水也会搬运大量泥沙、碎石，水流从陡谷进入平地后因坡度突变，水流在平原散开，水流趋缓，无力将沙砾冲走，这些沙砾堆积起来，从山口向外作扇形成锥状铺展，形成了山前扇形堆积体。

  大峪水大，侵蚀速度和秦岭上升速度匹配，因而可以在峪口之外展开它的沉积物，形成宽大平缓的洪积扇；小峪水小，切蚀较慢，跟不上秦岭上升的速度，就在它的口外积累成较小较陡、但面积相当大的洪积扇。在秦岭上升放慢或停滞的时期，小峪流水的侵入和接触在洪积扇上进一步深切，形成宽浅的河谷。许多大大小小冲沟的流水往往有季节性，侵蚀能力更小，速度更慢，可以在较大洪积扇堆积放慢或停止发展的时期，形成许多寄生洪积扇，迭置在较大的洪积扇上，使得覆盖于整个秦岭北麓的冲洪积扇几乎都有特殊的多元结构地质构造。当河水出山后，由于坡度骤降导致水流减缓，大块的砾石首先堆积下来，形成扇顶；砂砾随后堆积形成洪积扇的主体部分，随着水流搬运能力向边缘减弱，细砂和黏土随水流最后堆积下来，形成扇缘部分，扇缘组成物颗粒极细，因此形成天然堤坝，成为地下水溢出地带，往往能形成水草丰茂的沼泽。因此山前冲洪积扇的顶部和中上部砂砾含量多，孔隙大，透水性强，如图 4-1 所示，渗透系数为 $20\sim50\text{m/d}$，是一般平原的 $3\sim18$ 倍，可使一般性的洪水一次性全部下渗，发源于秦岭北坡的河流均在此下渗补给地下水，所以说，秦岭北麓是关中平原地下水的"输水大动脉"，是大西安地区重要的水源地与地下水补给区域。

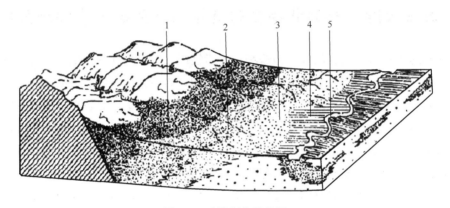

图 4-1　冲洪积扇结构图

1—洪积扇顶部粗砾石沉积；2—洪积扇过渡区的砂砾沉积；3—洪积扇边缘细砂黏土沉积；

4—河漫滩细砂沉积或冲积平原砂黏土沉积；5—河流及河床沉积

有学者将冲洪积扇分为三种基本类型，即嵌入型、披盖型、埋藏型（图 4-2），秦岭山前冲洪积扇属于嵌入型和埋藏型这两大类。嵌入型冲洪积扇，新扇体内嵌于老扇体中，扇前缘陡坎明显，这种类型通常发育在强烈抬升和下降中心相距较近或断裂控制在狭窄山麓地带；埋藏型冲洪积扇是新扇体覆盖于老扇体之上，反映山地和平原间的反差运动强烈。秦岭北麓山前冲洪积扇主要为埋藏型和嵌入型两种类型，嵌入型冲洪积扇主要分布在石头河与黑河之间和沣河与皂河之间，埋藏型冲洪积扇分布在黑河和沣河之间。石头河以

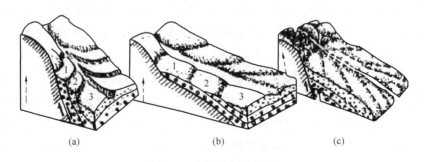

图 4-2　冲洪积扇类型图

1—嵌入型冲洪积扇；2—披盖型冲洪积扇；3—埋藏型冲洪积扇

西和皂河以东地段原有的冲洪积扇由于中更新世晚期以来平原区抬升作用影响强烈，失去了冲洪积物的堆积条件而接受风成黄土堆积成为黄土塬区。

4.1.1　研究范围选取原则与说明

秦岭北麓宏观尺度的研究范围以地域特征典型性、乡村布局传统性为选取原则。其中地域特征典型性原则是指研究范围的地形地貌、地质构造、水系与植被等都具有秦岭北麓冲洪积扇区的典型特征，并具有代表性；乡村布局传统性原则是指乡村布局是通过长期与生态环境磨合、适应的结果，并未受到人工规划的干扰，能充分揭示乡村布局与生态环境的适应性特征与规律。

根据上述秦岭北麓地质地貌特征与构造的研究，宏观尺度研究范围将分别选取秦岭北麓冲洪积扇区域内两种不同类型冲洪积扇的村落进行对比分析研究。第一种埋藏型冲洪积扇区选取甘峪到沣峪之间（户县段）的 111 个村落进行研究；第二种嵌入型冲洪积扇区选取沣峪到大峪之间（长安区段）的 64 个村落进行研究，如图 4-3 所示。

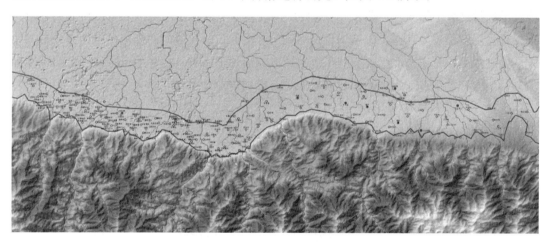

图 4-3　研究范围内村庄布点图

4.1.2　逐小水、趋域界

本书根据科研数据空间网站提供的西安地区精度为 30m 的 DEM 数据，通过 GIS 软件分别对所选区域进行河网提取、河道分级、流域划分、并在各分析图上叠加户县段的 111 个村庄和长安区的 64 个村庄布点。在此基础上分别进行以下分析：

1. 村庄与河流的位置关系分析

将村庄与河流的位置关系分为跨河、沿河、临河、近河四种，其中临河是指村庄与河流的距离小于等于 300m，大于 300m 为近河。另外河流从小到大分为 1～5 级河流；

2. 村庄与流域域界的位置关系分析

将村庄与域界的位置关系分为跨域界、沿域界、临域界、近域界四种，其中临域界是指村庄与域界的距离小于等于 300m，大于 300m 为近域界。以两项分析为根本进行数据统计、对比得出初步结果，并在此基础上再进行分析探讨，进行特征探索。

在对户县段的 111 个村庄和长安区段的 64 个村庄的分析中，户县 13％的村庄跨河，31％的村庄沿河，其中跨河、沿河和临河与河流关系密切的村庄总共占比 62％。长安区的 64 个村庄中跨河占比 11％，沿河占比 30％，跨河、沿河和临河与河流关系密切的村庄总共占比 52％。如图 4-4 所示，可见由于山麓区水资源丰富和人生产、生活用水需求以及天然的亲水性导致大量人口逐水而居，并且以跨河、沿河和临河为首选定居方式。逐水的同时对河流的等级也有要求，秦岭北麓村庄选址更倾向于低等级小流域，据统计户县有 54％的村庄选址于一级河流附近，28％的村庄选址于二级河流附近，总共占比 82％；长安区分别为 57％和 23％，总共占比 80％。由于秦岭北麓多雨、水急且易暴发山洪，河流等级越高面临的危险越大，因此只有最低等级的河流安全性高，既能得水之便又可避水之患，也正因为水患较多，在村庄与流域域界的关系分析中得出村庄和域界也有较为密切的关系。如图 4-5 所示，户县段的村庄跨域界、沿峪界和临峪界总共占比 62％，研究将各位置关系进行细分，如图 4-6 所示，可见村庄选址趋近于域界在跨河、沿河、临河和近河四种位置关系中都明显存在。流域域界是河流的分水岭，是相邻的两个流域中地势最高的地方，为避水患，村庄选址仅限于低等级河流流域还远远不够，还需要选择这一范围内地势最高的地方，这样在洪水来临的时候就能更有效的避免水患。

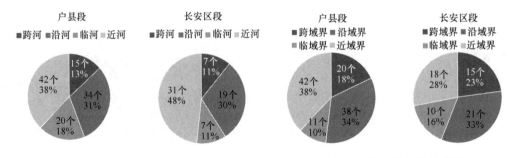

图 4-4　与河流位置关系图　　　　　　图 4-5　与河流域界关系图

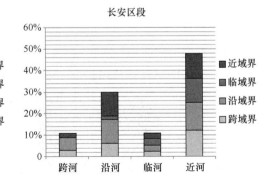

图 4-6　与河流、域界位置关系总图

4.1.3　背山、临下、居顶

本书通过 GIS 软件分别对所选区域进行坡向分析、坡度分析和高程分析，并在各分析图上叠加户县段的 111 个村庄和长安区的 64 个村庄布点，在此基础上分别进行以下分析：

1. 村庄与地形坡度的关系

坡度分为 5 级分别是：一级 0°～8°、二级 8°～15°、三级 15°～25°、四级 25°～35°、五级 35°～90°；

2. 村庄与地形坡向的关系

坡向细分为八种，分别是：北、西北、西、西南、南、东南、东、东北。在以上两项分析基础上进行数据统计、对比得出初步结果，在此基础上再进行分析探讨，并进行特征探索。

秦岭北麓冲洪积扇区坡度平缓，坡度基本在 8°以下，村庄选址并不会过多地受到地形限制。如图 4-7 所示，户县 82%的村庄，长安区 85%的村庄都在 0°～8°的坡度区。虽然整体处于缓坡区，但秦岭北麓的地形变化多样，坡向也非常丰富。在坡向的分析中（图 4-8）村庄所在地的坡向都以北向居多，其次是东、西北、西、东北，东南最少，其次是西南、南，这一点户县和长安区的特征几乎一样。虽然没有对秦岭北麓的各坡向用地面积进行具体统计，但是仅凭目测就可以判断出北向并不是主要坡向，反而东向和西北向居多，南向坡地也不少，因此不能把村庄主要选址于北坡简单地归结为北向坡地多的原因。中国传统村落选址讲究坐北朝南，可是秦岭东西走向横卧于南，南面空间局促，这里只有因地制宜的背山面水，回归到这种人类最早期的定居方式，只有背山面水、居高临下，才能进退自如。在进行坡向分析的时候还发现了一个现象，就是每个村子的选址都不是单一坡向，甚至双坡向也很少，大部分都是三坡向、四坡向或者更多。在域界分析的时候已经得出村庄选址趋于分水岭，经过深入研究发现村庄所在的分水岭大部分不仅是单一的分水

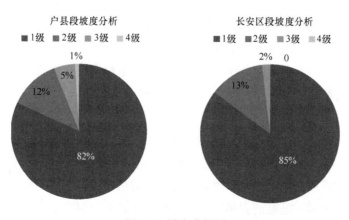

图 4-7　坡度分析图

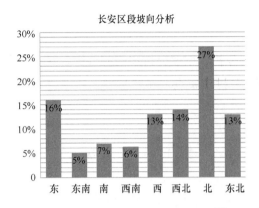
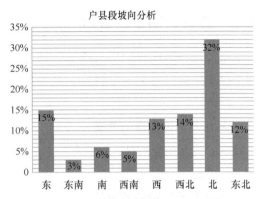

图 4-8　坡向分析图

岭，还存在两个或两个以上分水岭的交叉点，单一的分水岭相当于双向坡的坡脊线，而分水岭的交叉点就相当于锥形坡的坡顶了，所在的坡向必定是多向的。这又进一步印证了前面的观点，村庄选择小流域内地势最高的地方，并且坡顶更优于坡脊。秦岭冲洪积扇上部多为风成黄土堆积，黄土具有湿陷性，而当地传统民居就地取材以黄土、砾石为主要建材。民居以防水防潮成为第一要务，山麓地区潮湿多雨，加之冲洪积扇区良好的蓄水性导致扇中、扇缘区的地下水位很高，最高水位为地下 1m。因此，在无法选择更好的防水建材的条件下，居于坡顶不仅能避免水淹还能迅速排水，同时可以远离地下水，减少潮气干扰。

4.1.4　扇缘布点方式

本书在以上研究的基础上，重点分析了村庄与冲洪积扇的关系。秦岭北麓冲洪积扇区村庄围绕峪口呈扇形分布，依所在峪口大小规模不同，扇形分布的村庄数量规模有所不同。大峪、小峪和冲沟口外洪积扇不同形式的表现是显著的。大峪口外的洪积扇一般是宽大平缓，甚至看不出来，小峪口外的洪积扇较小较陡，但还有数里长宽的规模，在表面上往往切成十几米深、数十米以至百余米宽的浅沟。在秦岭山麓尚有大大小小的冲沟，在它们的口外堆积陡而尖的洪积锥，它们往往迭置在以上所说的大峪和小峪口外的洪积扇上，可以叫作寄生洪积锥。这些扇形分布的村庄也显示出许多相似性，通常扇顶区村庄分布较少，河流等级越高扇顶区范围越大这一情况越明显；由扇中区到扇缘区村庄沿等高线多排布局，数量和规模都在不断增多增大，形成了具有一定规律性的扇形布点特征。户县段（图 4-9）和长安区段都呈现出这样的特征。

对这一现象可以从两个角度进行揭示和推断：一是冲洪积扇扇缘说；二是扇形水系说。首先解释第一种。冲洪积扇扇缘主要由细砂和黏土组成，土层厚、土质肥适合农业耕种，加上扇缘区有较多的泉水涌出，因此是人居环境的首选，村庄集中在这一带，自然而然随扇缘形成扇形布局。但是前面研究已经表明，秦岭北麓村庄分布和山麓特有的水系密切相关，仅从冲洪积扇的角度进行解释似乎并不全面，除非水系结构形态也有助于村落的

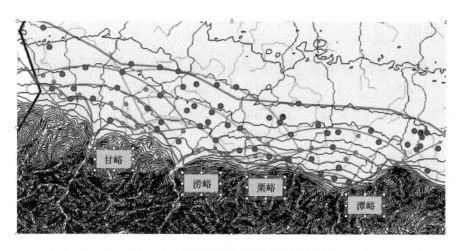

图 4-9 户县段村落布点扇形模式示意图

扇形分布。接下来解释第二种扇形水系说。秦岭北麓数量众多的峪道都是汇水区,大部分峪道内都有水流,但最终冲洪积扇呈半圆锥体,河流出山口后由扇顶向扇缘流去,在圆锥体的影响下,河流也呈扇形展开,到达平原后又相互汇聚,如图 4-10 所示。在这种水系结构的影响下村庄围绕水系布点必然也呈现出扇形布局。综合以上两种假说,可以推测秦北麓村庄的扇形布点特征是在山麓冲洪积扇区特殊的地质、水系等自然环境的多重影响下形成的。

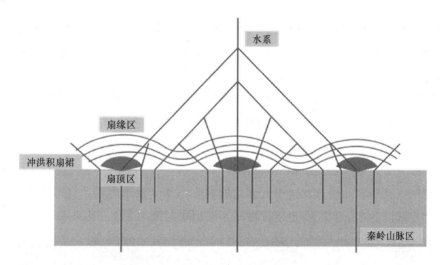

图 4-10 秦岭北麓冲洪积扇与水系关系示意图

户县段与长安区段所处冲洪积扇区类型、水系分布不同,村落布局也有区别。户县段埋藏型冲洪积扇坡度较缓,冲洪积扇的扇形分布一个个都清晰独立,村落的扇形布局较为明显。长安区段嵌入式冲洪积扇坡度陡,且相互挤压明显,基本已经连接成片,村落也呈现出扇形的连片式布局。

4.1.5　结论

从秦岭北麓传统乡村的布点特征可以看出，这里乡村的布局主要受到山麓区水系格局与扇形地貌的影响，这是决定性因素。但是扇形地貌与水系格局又是受到什么因素的影响呢？根据研究，地质构造控制一个地区的地形地貌和地层岩性组合，也就是说地表水流最主要是受到地形地貌的影响与控制，而地层岩性组合会形成地域特定的蓄水结构，地层岩性的组合方式及岩层厚度决定了地下水的类型、分布与运移。秦岭北坡高陡，密集的梳状水系急速下穿山体形成密集的河谷、峪道，并在山前堆积形成大片冲洪积扇，由于水流的分选性将大块石粒留在了扇顶区，而将细密的泥沙、黏土运至扇缘区，在扇缘处形成天然水坝，使得这里不断有泉水出露，加上这一带河流密集，因此营造出得天独厚的绝佳人居环境场所。如果说阳光、空气和土地是决定秦岭北麓村庄存无的根本性因素，那么地质构造就是决定山麓区村庄分布的主导性因素，而水资源分布就是决定村庄最终落点的决定性因素。

4.2　中观尺度：峪口区乡村空间布局生态适应性规律研究

4.2.1　峪口区团状集聚

根据宏观尺度的研究分析，村庄的选址主要为逐小水而居。峪口处的冲洪积扇区，河流刚出山口，河流等级通常都不算太高，加上河流向下的冲击力和冲洪积扇的坡度使得河流呈扇形分散，这些河道不断在平原上汇聚，逐渐形成高等级的大河。因此冲洪积扇扇顶区、扇中区除了主河道，基本上都分布着众多低等级河道，受其影响。村庄的集聚状态会在峪口区形成。通过 GIS 进行户县段村庄的密度分析可以看出，每个峪口区都形成了村庄团块状的集中分布（图 4-11）。而团块所在的主要区域则基本上都处于峪口区冲洪积扇的扇中和扇缘一带。这一带土层相对扇顶区开始增厚，而且冲积而下的淤泥在此处开始堆积，土质肥沃，利于农业耕作。扇中区远离扇顶，不易受洪水影响，同时有小河道穿过，加上扇中到扇缘区的地下水埋深也逐渐增高，取用水都极为方便。因此扇中和扇缘区成为

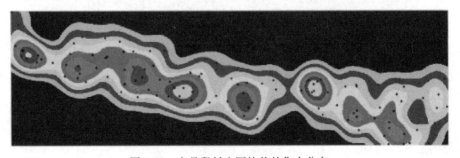

图 4-11　户县段村庄团块状的集中分布

乡村布局相对较为密集的区域。从密度分析图上可直观地看到团块的中心通常密度值有所下降，对应现实地形可以看出这一位置都有高等级即主峪道流出来的河流穿过，因此村庄均进行了避让。

从乡村布局密度分区上来看，秦岭北麓乡村布局与秦岭北麓的地形地貌有较强的关联，秦岭北麓的地貌呈均衡的梳状水系切割，每个河口又在山前形成均衡的冲洪积扇并连接成群，每个峪口型地域又相互串接，乡村的布局也顺应了地形的分布，呈均衡的团块状集聚又相互连接。可见在自然环境影响下形成的乡村，几乎均与自然形貌相互顺应，具有相同的结构布局特征。

4.2.2　扇形分层式分布

每个峪口区的村庄分布受到冲洪积扇扇形地貌影响，呈现顺应扇形的分层式布局。如图 4-12、图 4-13 所示，呈现的是户县和长安区各峪口区的村落布局情况。户县段的冲洪积扇类型主要为埋藏型，新扇体不断覆盖于老扇体之上，因此，最终扇体的整体坡度较为平缓，村落从扇顶到扇缘均有分布，并且显示出较强的分层形式，形成较为明显的扇顶区集中村庄分布，扇中区和扇缘区多层顺应扇形地貌弧线状排布的状态。例如太平峪峪口区，由于扇面较大，村落形成的弧线排布可以达到五层之多。之所以形成多层排布，应该与埋藏型冲洪积扇的地质结构相关，新扇体不断覆盖于老扇体之上，每一期的扇缘不一定是重合的，而是相互叠加，因此形成多道扇缘带，每道扇缘都有天然堤坝的作用，可以蓄水，保证水源的充足。在调研中可以发现，秦岭北麓的乡村地下水位很高，几乎家家有水井，通常向下打井 5～10m 就能出水，取水非常方便，户县草堂营村地下水埋深仅 2m。因此可以推断，乡村扇形多层分布的每一层的位置都有可能是以往多期冲洪积扇的扇缘之一。由于各峪口规模不同、河流等级不同，形成的冲洪积扇扇体大小不同，另外由于峪口较为密集，洪积扇相互之间也存在叠加覆盖等状态。因此村落沿弧线排布的数量不同，排布方式也各有区别。长安区段的冲洪积扇类型为嵌入型，由于山体的强烈抬升，新扇体嵌入老扇体内，因此最终扇体的整体坡度较大，扇面短、展开面也有限。长安区各峪口区村落布局也因此受到影响，不像户县各峪口区村落分布那样舒展，除了扇顶区同样会有独立的村庄，扇缘区基本沿扇缘呈弧线分布一排村庄，很少形成多层分布（图 4-13）。其中白蛇峪（又称白石峪）的村庄布局可以说最具有原型性，白蛇峪是长安区石砭峪与太峪之间的小峪，峪口的冲洪积扇完整独立，因为峪小，峪口区范围有限，因此白蛇峪峪口区的村庄分布极为精简，村落的布局和规模都能反映出与地形地貌的相互适应性，体现出了秦岭北麓峪口区村庄的分布特征，并极具典型性与代表性。白蛇峪峪口扇顶区只有一小型村落白蛇峪口村，扇中没有村落分布，扇缘区分布一大型村落五台镇留村，留村已有上千年的历史，村落内部布局极具特色，能够体现出乡村空间形态与自然、气候的适应关系，具体内容将在微观尺度研究中详述。

综上，户县和长安区的村庄分布均遵循对于冲洪积扇适应性的扇形分布，但是由于扇

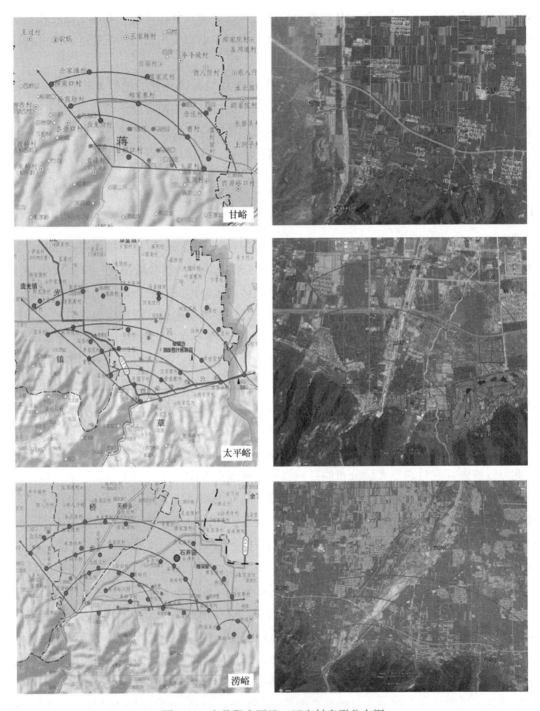

图 4-12 户县段主要峪口区乡村扇形分布图

体本身的形成方式和地质地形各有不同，所以造成村庄分布具有一定的差异性，但从根本上来讲，它们一直遵循着共同的规律，就是对秦岭北麓冲洪积扇区的生态环境、气候条件和地形地貌的适应。

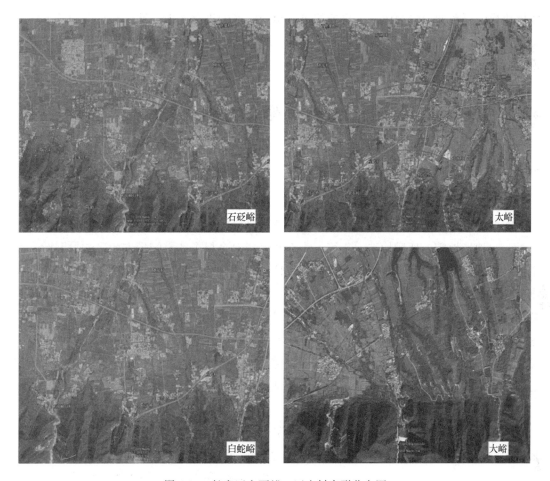

图 4-13　长安区主要峪口区乡村扇形分布图

4.2.3　递增式规模分级

　　峪口区冲洪积扇上村落的扇形分层也有规律可循，村落由扇顶区到扇缘区的分层呈现村落数量不断增多，村落规模逐渐加大的递增式规模分级特征。户县段和长安区段各峪口区扇顶、扇中前区、扇中后区、扇缘区分布的村庄数量，从图 4-14 中可以看出分布的规律性特征。户县段冲洪积扇区的分层较多，但是与长安区相比都呈现从扇顶到扇缘，村庄

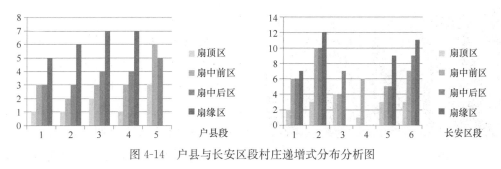

图 4-14　户县与长安区段村庄递增式分布分析图

数量和规模都在增加的规律，这也能明显看出扇缘区的确是土地肥沃、水草丰茂的人居环境最佳选择地，而扇中、扇顶区由于土层薄、颗粒大，不适宜农业种植，也无法承担大规模人口的休养生息。

4.3 微观尺度：乡村个体空间形态生态适应性规律研究

4.3.1 乡村个体研究对象选取

1. 研究对象选取原则

本书主要是探寻乡村个体与秦岭北麓生态环境之间的适应性规律，具体研究5种自然因子——地形地貌、地质构造、土壤、水系和气候对乡村个体空间形态的影响。因此，本书乡村个体研究对象的选取需同时满足典型性、传统性和完整性三项原则。其中典型性原则是指乡村所在环境的地形地貌、地质构造、水系与植被等都具有秦岭北麓冲洪积扇区的特征，并具有典型性和代表性；传统性原则是指对象要以具有悠久历史的传统乡村为主，这些村落长期与生态环境磨合、适应，能真实反映历史印记，更易于揭示其与山麓环境的交流对话关系；完整性原则是指村落功能完整、结构完整还有持续性的生命力，且未受到过多城市的侵蚀与影响，能充分揭示传统人地关系和乡村的适应性规律。

2. 研究对象选取说明

以选取原则为指导，本书在秦岭北麓户县与长安区段总共163个现存乡村中进行反复比较与筛选，最终选取长安区段五台镇留村为乡村个体研究对象。五台镇留村位于秦岭北

图 4-15 留村区位示意图

麓石砭峪和太峪之间的白蛇峪峪口区，如图4-15所示，峪口区冲洪积扇扇面清晰完整，能反映出秦岭北麓典型的冲洪积扇地貌，地域所在地的山麓区气候特征明显。白蛇峪属于中小峪，峪口的冲洪积扇扇面展开较小，因此峪口区的村庄数量较少，但是却具有典型的扇形布局和递增式的规模分级，因此这里中观尺度的乡村空间布局也具有典型性，可谓麻雀虽小五脏俱全；其次，留村历史可追溯到，距今已有两千多年的西汉时期，村子的布局完全适应秦岭北麓生态环境，很有特点。留村当地有"三十六条丁字路，七十二座小庙"之说，丁字路至今仍然在使用，村内还保留有明清时期的庙宇两座，周围还依稀可见原有的寨墙遗迹，符合

传统性原则；最后，留村作为五台镇镇政府所在地，具有较完善的交通系统与基础设施，功能综合、结构完整，能反映出较丰富完整的适应性信息，如图 4-16 所示。综上可见，五台镇留村是乡村个体研究较为理想的研究对象。

3. 研究对象概况介绍

（1）区位概况

长安区五台镇留村又称五台留村，位于终南山核心景区佛教圣地南五台山脚下，据《关中通志》载："南山神秀之区，唯南五台为最"。留村是南五台佛教文化区的重要组成部分，又是进山朝圣的必经之地，距离长安区主城区约13km，距离西安市主城区约25km，经纬度北纬 33°5′～34°15′，东经 108°50′～

图 4-16　留村综合现状图

109°。全域位于关中环线（S107）以南，老环山路在辖区内东西向穿境而过，长安南路延伸线位于留村西侧约2km 处。其北邻王曲街道、西接子午街道、东临太乙宫街道、南连商洛市柞水县营盘镇。

（2）社会经济

留村总户数 980 户，人口 3871 人，占五台镇全镇人口的 30.47％，总建设用地面积54.54hm²。年均总收入约 6491 万元，人均 13089 元/年，与五台镇其他九个平原村相比属于中上等。留村属于山前坡地平原村庄，除发展有部分商贸服务、旅游服务业之外，其他主要以种植业为主，主要农产品为小麦、玉米、核桃、板栗等。旅游业主要依托南五台景区和关中民俗艺术博物院景区发展。村民谋生以农业生产和外出打工为主，其中 2013年全村村民外出打工收入占到总收入的比重约为 26％，农业生产依然是村民最为主要的收入来源。

（3）历史沿革

留村历史悠久，"原庙之建，肇于西汉；由汉以来，垂千数百年"，据说西汉张良（约公元前 250—前 186 年，字子房）曾在此辟谷，因其当时被刘邦封为留侯（秦末农民战争聚众归刘邦，为其出谋划策，汉朝立，封留侯），其走后，此地被称为留村。留村是南五台七十二汤房的起点，据《长安县志》《唐代以前长安、万年两县村庄名录》所记，留村是长安五台乡 10 村中唯一出现在唐代以前时期的村庄。因此，留村历史可以上溯到西汉时期，距今已有两千多年的历史。留村现存两座庙宇，分别是广惠公祠（张良庙）和大愿寺，广惠公祠的历史可追溯到唐代，"唐开成二年（公元 837 年），长安令杜造于南山下五台留村置寺宇祭广惠公。五台留村东距太乙宫镇数里，广惠公祠据称乃汉留侯张良的奉祠"。清道光时期的大殿和戏楼是目前广惠公祠最老的建筑，虽经历多次修缮，仍香火不断。留村四面原有城墙，四边均有三个城门，现在依稀可以辨认出些遗迹来。

（4）自然条件

留村的气候秋短春长，夏季炎热，冬季干冷，属暖温带半湿润大陆性季风气候。春季降水不断增加，气温逐渐回升转暖，天气多变，会有低温、晚霜为害；夏季受海洋性季风影响，炎热多雨，时有旱涝、大风发生；秋季时有低温冷害，阴雨连绵的天气较多，气温下降急速；冬季受大陆性季风影响，寒冷少雨，常有寒潮产生。年平均气温13.1℃，最冷为1月，平均气温－0.7℃；最热为7月，平均气温26.4℃，山区与平原温差很大。长安区年平均降水量660.6mm，年平均日照209.7h，年无霜期平均217天，最大积雪深度18cm，冰冻深度20cm。常年主导风向为东南风，其次是西南风，多年平均风速2m/s，最大风速24m/s，另外秦岭北麓昼有上山风，夜有下山风。区内地势自北向南成平原—台塬—山地分布，地貌多样，受海拔高度和坡向影响，年均气温逐渐降低，降水量递增，气候呈垂直分布，地域差异明显。长安区主要气象灾害有干旱、雨涝、干热风和低温冻害，易出现暴雨天气，防汛形势较严重。

（5）地质地貌

留村处于白蛇峪峪口区，西邻石砭峪东邻太乙峪，三个峪口的冲洪积扇连接成片，因此留村所处的位置属于白蛇峪冲积扇的扇缘地带，海拔550～600m。境内土质情况较松散，雨季山区及沿山部分地带易发生滑坡、泥石流等地质灾害。境内自然发育有五道冲沟，其中较大的有化龙沟、康峪沟等沟壑。村内主要土壤有潮塿土、水稻土，另外也有褐土、黑油土、黄棉土等。由于紧邻西安水源地石砭峪水库，因此地下水储量丰富，补给主要靠大气降水和地表径流。

4.3.2 空间形态生态适应性研究

1. 依巷集中

留村内部为丁字路相互交错形成的网格格局，建筑沿丁字路紧密排列，依巷集中。秦岭北麓传统的农业村都是集中布局，大部分呈现方形，有的基于地形的原因会形成长方形或者不规则形，但是基本上都是集中紧凑型团状布局。之所以形成这样紧凑布局，主要是因为家家户户的建筑都顺着巷道紧密排列，村落的生长也是以巷道的生长为先，生长方式可概括为延伸型、并列型和补充型三种。延伸型是将原有巷道延长，然后建筑继续沿巷道排列；并列型是在原有巷道的垂直方向再并列布置一排巷道，建筑依次布局，同时新巷道的建筑与老巷道的建筑相连；补充型是指在巷道错落的地方、巷道只有单边的地方，通常随着时间的推移都会有建筑补充进去逐渐形成完整的形态，这也是传统乡村外形通常都比较完整近似正方形的原因。留村巷道主要是以步行为主的非机动车交通系统，可分为三级，一级道路为村内主路，道路宽度4～6m，主路间距120～240m；二级道路为村内支路，道路宽度 3～4m；三级道路为村内巷道，宽度 2.5m 左右。建筑在这种小尺度巷道格网里紧密排列，势必形成紧凑集中的团状布局。这种依巷集中的布局对于冬季严寒风大的秦岭北麓来说是很好的避寒方式，有助于储存热能、防止耗散；夏季炎热干旱也能防止水分快速蒸发，另外狭窄的巷道也有利于形成风道和冷巷，便于降温通风。

2. 避风循环

留村所在的长安区受大陆性和海洋性季风影响，时有大风发生，主要气象灾害有干热风，另外秦岭北麓白天有上山风，夜间有下山风，同时还受到峪道风的影响。因此，对留村空间形态影响较大的气候因子是风资源。留村南侧为秦岭山脉，阻挡了空气的流通，受局部地形的影响，该地区主导风向为东南风、西南风，以及山麓区特有上下山风，即南风、北风。留村距秦岭山脉仅 1.5km，因此受上下山风的影响更为强烈。为了有效规避夏季干热风和冬季寒风，留村内的建筑布局呈现建筑南北朝向，建筑前后均有开阔院落保证最大的向阳采光面，而面对南北主风向则呈东西向紧密排列，因此村落南北向的通道狭窄且弯曲，最窄的巷道仅 1.4m，通而不畅以避免大风穿村而过所带来的不适。同时，根据文丘里效应可知，气体流动受限时通过缩小的管道，气体的流动速度加快，也就是说，当上下山风从南或北通过狭窄通道时风速会加快，所以这样的布局在冬季可以挡住大量寒冷山风和峪道风，有助于储存热量，夏季却能形成自然风道，持续降温。不仅如此，伯努利效应（又称边界层表面效应）指出，气流的流动速度越快则气体与物体接触的界面压强越小，流动速度越慢则压强越大，依照此原理可知，风在东西向窄通道加速时压强是减小的，而气体是从高压流向低压，因此南北向通道的气流还有房屋院落内的气流都流向了东西向通道，由于气流量小，所以村落内部形成了自然微风循环系统。这种循环系统的好处是可以灵活调节，冬季寒冷季节，村民们只需将房间和院落门关上就能有效阻止内部的气流流向外部，气流循环只在村落的主要通道循环以保持空气流通；夏季炎热就可以打开门窗形成内外共同循环，加速通风降温。

4.3.3　道路系统生态适应性研究

1. 丁字路网

留村除了西弥街和老环山路两条十字交叉的东西向和南北向主干道之外，有四条南北方向主路贯穿全村，东西方向上有一条主路，位于张良庙南侧，自西向东贯穿整个村子，当地人称庙后街。留村的丁字路分布全村，"三十六条丁字路"以形容其多，更成为当地一大特色。留村南北落差较大，总长 410m 左右，高差约为 28m，局部可达 35m，地形导致的坡度约为 8%；留村东西方向落差较小，约 10m，地形由东到西呈现先低、升高、降低、再升高、再降低的连续起伏状。

山麓区地形复杂多变，早期村民缺乏使用机械工具对地形地貌进行较大改造的能力，因此道路修建时只能顺应地势，对道路采用陡坡沿等高线和缓坡顺坡错接的方式修建，使得大部分道路坡度降低到 5% 左右。这种修建方式不仅减少了南北高差带来的影响，同时还节约了大量人力物力。由于道路采用错接方式，所以也就形成颇具当地特色、顺应地形地势和随高就低的丁字路网形态。平面上看是"丁"字形，但实际上并不是常见的平交丁字路，而是立体组织，相交的三条路有可能除了交点处在同一个标高，其他地段都有不同的标高。

2. 降温冷巷

前面的避风循环已经说明了留村传统布局已经在不知不觉中利用了文丘里效应和伯努利效应，达到有效的避风防寒和循环降温效果，但是留村所在地夏季炎热、闷热少风，为了能加大降温效果，南北方向除主要通道外还设置了较多的狭窄通道，宽度一般在 1.5m 以内。通过伯努利效应推导可知，同等宽度的气流，若两侧气流接触面越大，那么压强降低的气流量越大，通风量也相应增大。留村的空间布局似乎也体现了这一方式，建筑南北朝向，因此山墙也就是建筑最高、最密闭的墙面向南北向巷道，即使是院落也同样院墙高筑，这样能促使更大体量的气流降压，促进通风。同时由于巷道窄且高，阳光很少能晒到，加上植被遮蔽，几乎全部处于阴影区，温度相比其他巷道低很多，低温风大因此形成冷巷，冷巷在湿热的南方比较常见。秦岭北麓夏季主要是干热风，因此巷道两边还伴有排水沟，水汽的蒸发更能有效降温，同时在气流的循环下还能为环境加湿，改善村落小气候。

4.3.4　水系统生态适应性研究

1. 水路相依

留村所在地受到"华西秋雨"的影响，秋季会出现长期的降雨天气。关中地处华西地区，9 月份，副热带高压的西南气流自西太平洋而来，暖空气与北侧侵入的冷空气交汇，导致降雨的持续。据统计，留村所在区域 4～10 月平均总降水量 500mm，平均总降水天数 66 天。平均日降水≥25mm 的大雨日 4.5 天，平均日降水≥50mm 的暴雨日约 1 天。由于降雨量较大，且处于山洪多发区，所以村落的雨水排放系统是关系到村民生命和财产安全的重要体系。在长期的生产生活过程中，留村村民根据排水量的要求，在道路单侧或双侧设置排水沟，或宽或窄，或明或暗，明沟居多，并基于安全考虑，沟深大多不超过1m，最浅的只有 15cm，这种和道路系统紧密结合的排水系统，形成了包括留村在内的秦岭北麓地区大部分乡村特有的排水格局——水路相依。在降水量大的主汛期和降水时间持续的"华西秋雨"期，大量降水延坡漫流，进入村庄，对留村的防洪排水提出了很高的要求，使得道路必须具有排水功能。因此留村民居院落的排水口也与道路连通，将道路作为排水的主要通道，确保降水快速顺边沟排出村外，既可以保障村庄安全，又可以汇集路面雨水，同时保证道路的通行能力。另外，大量采用毛石进行排水沟的修造，这种因地制宜的方式结合了当地的特色，既生态环保又节省资源。

2. 顺势排水

留村的排水主要采取修建水渠地表排水的方式，同时雨污合流，并形成了有组织的系统排水。排水顺应地势起伏，由高到低，最终呈现出整体由东南向西北的排水趋势，最终汇入到村外西北方向的排污池。排水系统的建造与道路相似，都是在顺应地形地势的基础上构建的。留村东西方向的地形略有起伏，呈"M"形，南北方向坡度较大，村南高出村北 28m 左右，坡度约为 8%，这样的起伏地貌有利于形成自发的快速排水。因此在多雨的秋季，留村的排水也极为便利。另外，村内排水沟总长度为 4.98km，排水沟密度网约为 30km/km²，远远大于 2010 年的城市平均排水管道密度 9km/km²，可见留村的排水系统发达，足以满足村内的排水需求，因此历史上留村很少发生洪涝灾害。

4.3.5　绿地系统生态适应性研究

1. 见缝插绿

留村之内的平整土地一般都用做房屋修造，住宅之间的空地和坡度较大等不宜建造的地方，往往成为村民绿化用地的首选。由于留村成团状紧凑布局，大片的空地不多，加之村内坡度较大，房屋之间往往留有小块空地。这些因素造就了留村独具特色的绿色空间布局形式——见缝插绿。即在满足日照和补水的条件下，尽可能多地利用荒地、洼地和不宜建造的零碎而分散的土地来进行绿化，以避免对农田等可利用土地的消耗，既能防止水土流失还能美化周边环境，同时还节省了土地。留村内部因此分布有大量的小块绿地，同时对各农田、房屋、道路、园圃等边缘地带的狭小空间进行边缘绿化。每处水平和标准有低有高，可简可繁，投资很少。留村的绿化主要用来生产、观赏和防护。生产绿地一般用于种植蔬菜和果树，观赏绿地多培植花草等具有观赏性的植物，防护绿地多种植爬墙虎等根系发达，具有保土透水作用的植物。常见的生产绿地以院内宅旁果树、种植池和片状菜圃的形式散布在整个村庄；观赏性绿地更是随处可见，尤其是在村内的小广场等公共中心区域相对集中；防护性绿地主要出现在道路两旁和村庄周边，这些防护性绿地可以起到吸热御寒和保持水土的作用，挡土墙周围也有防护性绿地大量集中，这些植被不仅可以阻滞地表径流降低流速，还可以防范大风吹袭，减弱了这些不利因素对挡土墙的侵蚀，起到了很好的保护作用。

2. 物种适宜

留村所在地受温带大陆性季风气候影响，年平均降雨量适中，大约 700mm，年平均日照 2230h，高于全国平均水平，四季分明，无霜期 224 天，适宜农业生产。经过长期的自然选择，适应于冲洪积扇区的适宜农作物有小麦、玉米、豆类以及各类蔬菜，虽然这一带历史上产水稻，但是现在地下水位下降，扇缘带不再有充沛的水量，因此调研中发现原有的水稻产区已经很多年不种，或者说无法再继续种植水稻了；果树最适宜扇顶、扇中区的以板栗、柿子、核桃和枣树为主，前些年村子跟风种过苹果和梨，但是这两种物种对日照要求很高，在这里产量低口味也不好。另外，国槐、香椿、花椒、榆树和杨树在这里比较常见。

4.3.6　土技术生态适应性研究

1. 就地取材

留村道路众多，其铺装类型也很多，但是铺装材料多是就地取材，如拆除旧建筑遗留下的废弃砖瓦、随处可见的毛石以及经过粗加工的夯土，这些原生材质，通过形态各异的铺装方式，组成了留村美观实用又富有变化且独具特色的道路系统。就地取材的原则在村庄景观的营造过程中也被加以应用，夯土是在我国黄河流域应用历史最久远的一种建筑材料，它取材方便，加工过程简洁，建成效果好，长久以来，留村的建筑中大量使用夯土并沿用至今，这与留村所处的生产力水平、地理环境、气候特点和生活习惯不无关系。留村使用最多的建筑材料之一就是毛石，由于地处山区，石材丰富，留村的挡土墙就多运用石料进行营建，毛石不单可以用作建造等日常生活之中，也可用于观赏，可谓一物多能。砖作为乡土材料在留村也是十分常见的，无论是房屋修造还是道路铺装均可见到。传统民居的室内和院内铺装多使用砖，民居旁的小路也多用砖，大概是因为砖较为厚实，不宜损坏且吸湿性强的缘故。在道路铺装中砖的不同排列方式优化了视觉感受，也使得看似单调的道路平添了一份情趣，这里也凝聚了村民们的乡土情结。以瓦铺路的情况并不多见，多数采用砖瓦结合的方式，主要也是出现在建筑旁的小路铺装上，传统的瓦主要呈椭圆形和长方形，这种形状可以令使用瓦铺装的道路更具有装饰效果。留村的种植池多在房前屋后，利于村民使用和管理，种植池是留村家家户户住宅必备的"标配"，大量的种植池也是采用就地取材的原则，都是采用毛石、废弃砖瓦进行修造。这些就地取材的乡土材料，并不会对生态环境造成压力，还可以实现物质在景观要素间的流动，既保持了留村生态系统的连续性，又形成了景观生态流的通道。

2. 保土透水

留村地处秦岭北麓山脚下，土地坡度较大，生产生活用地大多处于不平整的坡地之上。为了保土透水，便于农作物生长。经过长时间的试错磨合，村民们发现了一种对坡地进行平整的高效方式——开辟梯田，这一方式也形成了秦岭北麓台塬地带特有的乡土景观——台塬梯田。这种农田类型在适应当地地形地貌的前提下，有效的利用地形，最大限度地发挥了坡地的优越性。台塬梯田保水保土效果好，地处坡地之上通风透光性强，利于农作物生长，同时也是治理水土流失的一个有效措施。目前已经在长安区东部的杨庄、炮里等台塬地区得到了推广应用。留村具有特色的另外一项保土透水设施就是"雨水种植池"。村民住宅旁的种植池连接着院落中的排水口，这样可以充分利用雨水，使得降雨时，雨水可以从院落中汇入种植池天然灌溉。种植池也采用当地俯首皆是的石材砖瓦等乡土材料进行建造，透水性强，同时，多余的雨水可以方便地排入道路旁的排水沟。就这样"雨水种植池"实际上成为一种雨水利用的生态模式。

第5章 秦岭北麓乡村空间多尺度生态矛盾性冲突解析

5.1 宏观尺度：乡村空间发展结构与生态格局相互冲突

5.1.1 冲突形成过程解析

1. 乡村空间均衡布局时期

秦岭北麓山麓带原本密布的传统农业乡村，都是以农业种植为主要产业，乡村职能相似，具有较强的同质性，因此乡村各自独立，相互之间的联系并不紧密。往来城市与乡村之间的人群有两种类型，由于乡村和城市的关系主要在于粮食供应和农产品交易，因此会吸引从事商贸交易的部分商人相互往来，构成了第一种类型。受到中国历代"重农抑商"思想的影响，这部分人群的数量必定不多；另一种类型就是朝圣人群与游客，不过这些人的主要目的地是宗教寺观或山水风景，与乡村的关系不大，同时受到交通工具的限制，这部分的人流量也较少。可见此时城乡整体的交流与互动并不频繁，均较为独立。秦岭北麓的乡村也因此沿山麓带呈均衡布局，依托地域自然条件形成天然的均衡间隔状空间格局（图5-1）。传统农业由于人地关系协调紧密，村镇空间格局对自然生态的破坏力相对较

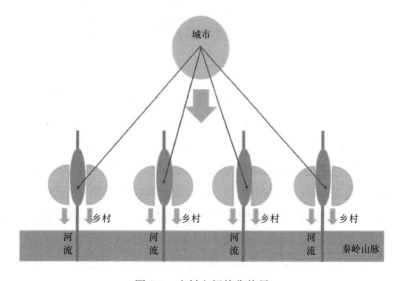

图 5-1 乡村空间均衡格局

小，这一时期生态破坏形式通常是由于农业人口过多，有从城市迁入的，也有周边逃难而至的，最终由于人口的增多而不断向山麓、山地、河道拓展农业用地，导致森林植被砍伐破坏，山麓冲洪积扇区蓄水能力下降，最终造成水土流失、水量减少、洪涝灾害加重。

2. 乡村空间同步发展阶段

随着经济的发展，秦岭北麓受到城市扩张的影响，城乡之间的吸引力逐渐增强，这一变革对秦岭北麓乡村空间的布局带来较大影响。由于交通工具的不断更新和道路系统的逐渐完善，尤其是环山公路的修建，使得大量城市人口都有机会在节假日到秦岭一带休闲度假。面对逐渐增加的人流和日益凸显的商机，山麓区各乡村也开始在村落就近的交通要道、峪口周边、河道两岸等人群密集的地段开办农家乐等休闲服务设施。这一时期由于人流主要在天气晴好的节假日才会增加，不具规模性和持续性，受农村本身发展水平的影响，农家乐设施相对简陋，休闲服务设施的规模也相对有限；加上山麓区人文自然景观和乡村沿山麓带分布均衡，因此各乡村面临的商机相对平均，农家乐都有所发展又相对均衡，乡村在这一时期的发展属于基本同步，处于共同富裕阶段（图5-2）。

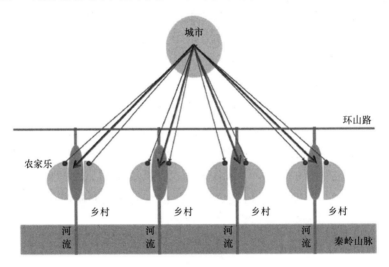

图5-2 乡村空间同步发展

这一时期空间发展的主要问题是秦岭北麓乡村与环山路以北平原区乡村相比发展不平衡，整体发展过度。由于环山路的修建过于靠近秦岭北麓，山前乡村交通条件明显优于平原区乡村，加上山麓区的优越环境，使得山麓区乡村更具发展优势，而秦岭北麓以北地区乡村却因此丧失机遇。但是这种布局会使得未来的秦岭北麓过度发展，也为秦岭北麓生态的进一步恶化留下隐患。环山路围山而建，离25°山脚线远则两三公里，近则百余米，环山路西安段几乎70％的路段都修建在山麓区的冲洪积扇上，约有30％的路段甚至更多是压在渗水较好的扇中区，环山路本身的建设就对水源涵养区的保护不利，更不用说道路建设对地区发展带来的巨大影响，尤其像秦岭北麓这样生态极其脆弱、敏感的地区，交通布局更应极为慎重。

3. 乡村空间发展失衡时期

城镇化发展不断加速大城市的扩张，由于城市空间有限，使得部分城市功能不得不向外疏解。由于秦岭北麓生态环境的优越性，2004 年，原本位于城市内部的西安动物园便迁址于此，紧邻环山路，成为秦岭野生动物园。这看似合理的迁址行为实际上却对山麓区及其周边乡村乃至城市空间格局的发展带来质的改变。由于将城市功能飞跃式地安插进秦岭北麓，使得秦岭北麓平常几乎是平均分配到各峪口的游客量瞬间相对集中，造成消化不良：秦岭野生动物园占地 2000 多亩，比原先动物园的 115 亩扩大了 17 倍，其庞大的动物种群及数量都是西北之最，根据西安市旅游局的统计，2013 年游客接待总量 97 万人次，且近几年每年的游客量增速都在 10% 以上。大量的城市游客在节假日都奔向秦岭北麓给山麓带来巨大的城市人流和车流，秦岭野生动物园附近的环山路段成为节假日最为拥堵的道路，如图 5-3 所示。

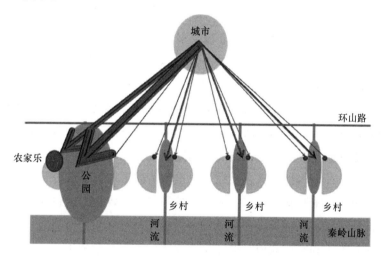

图 5-3　乡村空间发展失衡

这样的发展态势已经完全打破了以往山麓区乡村小规模均衡发展的格局。首先，在动物园的吸引带动下，2005 年长安子午大道建成通车，子午大道北起西安高新区的丈八东路，向南直接连接环山路，几乎正对秦岭野生动物园，为城市游客乘车直达动物园提供了更为便利的道路交通，同时子午大道也逐渐成为西安市南部地区的主干道，并对城市向南发展的势头有较强的引导作用。图 5-4 为使用空间句法进行的西安市南三环至秦岭北麓地区的轴线图分析，图中最深的南北向干道即为子午大道。在空间句法的轴线图分析中颜色越深就代表该道路空间的集成度值越高、可达性也越高、发展潜力也就越强，从图中可以看出，在西安城市南部地区，子午大道俨然成为发展主轴，而且发展的南向动力强劲，直达山脚，同时子午大道东西两侧的道路发展潜力也明显高于其他地区。但这样的发展趋势却与大西安南控发展的总体规划方向不相协调。最南边与子午大道相接的东西向道路就是环山路，环山路接近子午大道的路段颜色都相比其他路段趋于深色，这一地区也是目前投资项目最多、最密集的地区。其次动物园功能单一，配套的少量商业服务设施根本不能满

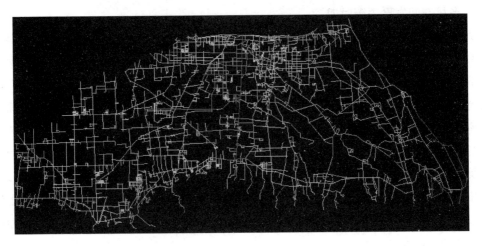

图 5-4　西安市南三环至秦岭北麓地区轴线图分析

足庞大客源的多元化需求，因此给周边乡村带来巨大商机。在环山路沿线又紧邻动物园的上王村就成为秦岭北麓众多乡村中的"幸运儿"，依托动物园带来源源不断的客流，上王村家家户户都办起了农家乐，据统计，全村 90％的人都从事农家乐经营，同时还吸引了不少外来人口。秦岭野生动物园所在区域逐渐成为山麓区带状区域中的热点集聚区，商业、地产等外来投资项目纷纷簇拥而来，沿环山路逐渐蔓延，这些项目又吸引来更多城市人群，最终造成恶性循环，使得环山路交通拥堵现象极为严重，环山路周边环境，尤其是环山路以南的生态破坏、污染严重。最后，原本均衡同步发展的秦岭北麓乡村在巨型动物园影响下，发展机遇严重倾斜，客流、商机均被环山路沿线新增项目大量劫夺，导致整体发展受阻而局部地段突破性增长。大多数乡村仍然停留在低端、简陋的农家乐阶段，不仅未因城镇化进一步推进和秦岭北麓交通区位条件逐步改善而带来生产、生活和生态环境的整体提升，反而因劳动力的大量流失而逐渐萎缩、空废，如图 5-5 所示。

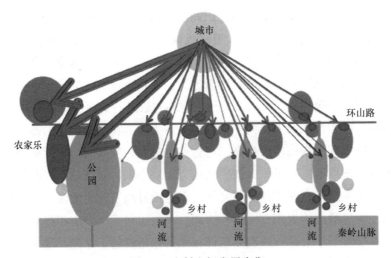

图 5-5　乡村空间发展失衡

5.1.2　冲突的本质揭示

基于秦岭北麓宏观乡村空间冲突的形成过程可以看出，秦岭北麓随着城镇化的发展，受到城市由弱到强的影响。城镇化初期，山麓带乡村发展出应对城市游客的初级旅游服务功能，这一时期城市游客的数量呈渐进式地缓速增长，因此山麓带乡村也呈现出渐进的和均衡的发展特征。随着城镇化的加速发展，为了减轻城市用地压力并加快山麓带的经济发展，秦岭野生动物园落户山麓。然而，客流量不断增加，旅游业日渐昌盛，并没有带动山麓带的乡村共同进步，反而造成人员流失、土地荒废，呈现一派衰败景象。秦岭北麓乡村希望借力城镇化提升综合实力，但是纵观整个秦岭北麓却鲜有成功案例，上王村虽然经济得到发展，但是其对生态的破坏、对动物园客源的依赖、产业结构难以持续等负面效应无法消弭，难以成为示范。造成这些现象的原因何在？可从以下几点进行分析：

1. 类城市飞地规模巨大，劫夺乡村发展机遇

飞地是指某个行政区域在另一行政区域内拥有的小块领地。在资源方面具有独特优势，在有些方面需要依托母城（区域中心城市），而在空间上又与母城不连续的具有较大发展潜力的经济点可称为相对于母城的飞地。秦岭野生动物园就类似于城市飞地，成为具有较大带动力的经济发展点。秦岭野生动物园南部紧依秦岭，东部与密集的村庄（内苑村）相邻，北部紧邻环山路，发展用地十分有限；只有西部有一定的开敞空间，均为农田。作为城市级别的大规模公园，其辐射范围覆盖整个西安市及周边市县甚至更广阔地区，因此这一级别公园绿地的设置若缺乏严格的控制与管理，在城镇化的快速催化下，势必会带动周边地区集聚式的发展与扩张，而且这种扩张吸引来的是更多的城市人流并形成更多的城市飞地。例如：在动物园的带动下，一些类似的巨型城市公园用地，如迪比斯水上乐园（占地2000余亩，一期500亩）、阳光雨露旅游观光园（占地4600亩，一期占地1600亩）等纷纷效仿，分别沿环山路在动物园周边落户。城市飞地的集聚与扩张发展的都是城市，在城市面前，乡村毫无竞争力，旅游发展的机遇被城市大量劫夺，只能形成无序、低端、散点式蔓延。因此城乡差距依然巨大，加上城市与乡村本身在空间、经济与文化方面发展的不均衡，使得乡村发展基本被架空，劳动力纷纷外流，秦岭北麓乡村整体陷入衰落。

2. 类城市飞地功能单一，导致乡村寄生依赖

由于动物园在建设时旅游服务功能预估不足，配套的餐饮、休闲、娱乐等设施规模、容量相对有限，面对游客量的不断增加，已经完全无法满足基本的旅游服务需求。资料显示秦岭野生动物园年平均接待游客量近百万人次，2014年"十一"黄金周七天时间累计接待国内外游客11万人次，2015年五一小长假单日接待游客量就达5.39万人次，因此，旅游服务设施对这一地区来讲存在着巨大的缺口。上王村北临环山路，距动物园仅1.4km，绝佳的区位优势有助于填补这一功能缺失，上王村也及时抓住机遇，并获得飞速发展。上王村总人口596人，村落建成区约100亩，仅靠开办农家乐客流量2011年就达到 100 多万人次，产值达 2000 多万元。村民的年人均纯收入从 2003 年的 800 元提高到 2011 年的 2.3 万元，位居全省前列，成为全国首个"国家级农家乐服务标准化示范村"。建成区仅 100 亩的小村庄，游客接待量竟与 2000 亩的西北首家野生动物园相当，这的确是全国首屈一指的村庄奇迹，但是在这奇迹的背后却暴露出乡村发展的寄生依赖模式。上王村由于自身缺乏吸引力，因此发展的起步与持续都是依托于紧邻秦岭野生动物园的良好区位，客流可以源源不断。但是真正具有影响力和吸引力的是动物园，上王村只是依附在旁边的一个服务点而已，自身缺乏特色性与独立性。许多没有区位优势的乡村妄图模仿上王村大规模开办农家乐，其结果都是惨败。所以，这种寄生依赖型乡村的成功并不具备模仿性和推广性，在这种模式的影响下，乡村很难持续性发展。

3. 类城市飞地集聚抱团，破坏生态环境

如果将秦岭北麓作为城市的新区进行扩展，秦岭野生动物园落户山麓将是新区未来发展的强大动力，但从现实情况看显然不是。秦岭北麓作为秦岭自然生态保护区的门户空间与过渡区域一直受到严格的保护与控制，因此，一方面西安城市的主要发展重心一直向北倾斜，另一方面城市南部也进行着发展控制，而将动物园设置在秦岭北麓所带来的联动影响显然与西安城市整体发展方向存在偏差。其次，秦岭北麓特殊的地域生态环境也不适应这种大型设施的配置。由于秦岭北坡密集的水系垂直切割，山麓带被分割成了大小不等的块状区域，而且山麓带几乎被冲洪积扇覆盖，两三公里的宽度中有一半以上是渗水系数高的扇顶与扇中区，基于生态保护视角，这些用地作为水源地需要进行严格保护。可见，秦岭北麓可发展用地零碎、不连续且面积有限，所以在限制条件诸多的秦岭北麓进行开发建设需要极为谨慎，尤其不适应规模化、集中布局的城市大型公共用地等建设项目的引入。一旦引入不仅带来巨量人流，同时扩张的用地还会造成地域生态环境的破坏，因此，秦岭北麓填河建设、侵占水源地、侵蚀河道、破坏森林的情况屡禁不止。

5.1.3 冲突的转化策略

秦岭与秦岭北麓作为旅游目的地发展旅游产业、适度建设公园绿地本无可厚非，但是最根本的原则应该是能适应并保护秦岭及北麓的自然风貌、地域特色和景观特征，不能单纯为了旅游的发展而破坏生态并导致其特色丧失。秦岭北坡高陡，像一道天然城墙横亘于关中平原南边界，发源于北坡的河流几乎都垂直于山脉，向北急速下穿，由于水系密集，因此形成了秦岭北麓特有的梳状水系，在水系的切割下，山体形成了与水系一样的众多梳状峪道，且大小、规模、形态和特征都较为相似。秦岭北麓常被世人称道的最著名特征就是"秦岭 72 峪"，用 72 峪来形容可以说明两点，一是峪道数量繁多且密集；二是峪道特征类似，没有主次之分，也就是说秦岭北麓的峪道除了繁密之外，从自身形态到分布格局都体现出均衡均质的特点。在山体、河道和峪道的共同影响下，秦岭北麓也呈现出天然均衡的地域结构，从前文的分析中可以看出，秦岭北麓传统的乡村布局与地域环境紧密结合，呈现同样均衡的布局结构。因此在未来发展中乡村职能可以随着时代发展进行转型与变化，但是不管如何发展都不应该违背秦岭北麓特有的地形地貌与地域结构。因此秦岭北麓乡村宏观空间格局应在顺应秦岭北麓河道密集，地形切割，冲洪积扇覆盖的地貌特征上形成远离冲洪积扇扇顶，整体分散、局部紧凑的间隔状空间分布格局，这种格局的形成将有助于水源涵养、植被生长与生态恢复。

5.2　中观尺度：峪口区乡村发展重心与水源地保护相互冲突

5.2.1　冲突的形成过程解析

1. 秦岭北麓乡村与西安城市空间引力模型

从宏观尺度分析可以明确看出，随着城镇化深化，秦岭北麓乡村越来越受到西安城市日益增加的旅游休闲需求的影响，乡村空间功能与格局的发展将极大地受控于与西安城市的关系。因此，有必要对秦岭北麓乡村与西安城市空间的相互作用与关系进行深入细化的研究，以便寻找其中核心规律与关键影响要素。

本书采用在城市及区域空间相互作用研究中极为广泛运用的，用来分析和预测空间相互作用形式的数学方程——引力模型。引力模型的最初形式是牛顿的万有引力公式，起初在经济学领域被发展成为经济学模型，用来分析两个经济体之间的关系，后来被不断拓展运用于多种研究领域，如空间布局、旅游、人口迁移等方面。在空间相互作用研究中，以1966 年 Grampon 首先提出的 Grampon 模型最有影响，它主要运用在旅游空间相互作用的研究中，经过大量学者的实践运用与不断修正，Grampon 模型有了新的发展，其中以Wilson 的修正最有影响，其修正后的结果为：

$$T_{ij} = P_i A_j \exp(-\lambda c_{ij}) \tag{5-1}$$

其中 T_{ij} 代表区域间相互作用的强度，P_i、A_j 代表区域的经济强度，并分别赋予需求和供给的含义，λ 为衰减因子，c_{ij} 为广义的距离。

本书运用 Wilson 模型进行秦岭北麓乡村与西安城市空间作用强度测算，其中，T_{ij} 为西安（设为客源地）与秦岭北麓乡村（设为目的地）之间的空间作用强度；A_j 为目的地秦岭北麓乡村的吸引强度，也即生态、消费和服务等资源供给强度；P_i 为客源地西安的出行强度，也即对生态、消费和服务等资源的需求强度，因为乡村对应的城市均为西安市，所以这一强度值可以设为常数 1；λ 为空间阻力因子，代表客源地到目的地的顺利程度，因此本书用客源地到目的地的时间进行计算，时间数据来自同一时间段百度地图测算数据；c_{ij} 为客源地到目的地的距离。研究依然以秦岭北麓户县段和长安区段的乡村为研究对象，在原有 175 个乡村的基础上筛选出 163 个乡村（部分乡村已经搬迁）进行测算。

首先需要计算秦岭北麓乡村的吸引强度。秦岭北麓的乡村如前面的分析，主要产业以农业为主，传统的农业乡村对于城市的吸引力主要来自乡村所在地优越的生态环境；近几年，秦岭北麓乡村大力发展农家乐、采摘园等消费娱乐项目在一定程度上也增加了一定吸引力；另外，秦岭北麓乡村历史上遗留的遗址遗迹也成为人们访古游览的目的地。因此，结合秦岭北麓乡村的特殊环境和特征，参照相关研究资料与成果，建立秦岭北麓乡村吸引强度评价指标体系，如表5-1所示。秦岭北麓乡村吸引强度评价指标体系选取了三个一级因子：消费吸引物吸引强度、生态吸引物吸引强度和社会吸引物吸引强度，并在此基础上参考相关研究，经过多轮分析与讨论确定了10个二级因子，消费吸引物的区位、面积、混合度和密度，生态吸引物的面积、多样性、特色性和参与度，社会吸引物的文化特色和综合服务，最后，通过专家调查法得出各因子权重。接下来针对各乡村具体情况，并对应10个因子分别打分，然后加权平均算出最终综合吸引强度值，表5-2为秦岭北麓乡村吸引强度计算表（完整表见附录表A）。

秦岭北麓乡村吸引强度评价指标体系　　　　　　　　　　表 5-1

综合评价	权重	因子评价	权重
消费吸引物吸引强度	0.41	区位	0.34
		面积	0.22
		混合度	0.24
		密度	0.2
生态吸引物吸引强度	0.42	面积	0.24
		多样性	0.26
		特色性	0.29
		参与度	0.21
社会吸引物吸引强度	0.17	文化特色	0.53
		综合服务	0.47

将计算出来的吸引强度值代入式（5-1），可得出西安与秦岭北麓各乡村空间作用强度值。表5-3为西安与秦岭北麓乡村空间作用强度计算表（完整表见附录B），为了研究方便根据强度值的分布将其划分为由低到高的十个强度等级，如图5-6、图5-7为秦岭北麓乡村与城市现状空间作用强度分布图，颜色越深等级越低，说明与城市互动不多；颜色越浅等级越高，说明与城市的互动频繁。

秦岭北麓乡村吸引强度计算表　　　　　　　　　　表 5-2

序号	乡村名称	消费吸引物（权重0.41）				生态吸引物（权重0.42）				社会吸引物（权重0.17）		吸引强度
		区位 0.34	面积 0.22	混合度 0.24	密度 0.2	面积 0.24	多样性 0.26	特色性 0.29	参与度 0.21	文化特色 0.53	综合服务 0.47	
1	王过村	1	2	1	2	4	4	4	2	3	2	2.5
2	仝家滩村	4	2	1	2	5	4	5	2	3	2	3.2
3	柳泉口村	6	2	1	2	5	5	5	3	3	2	3.6
4	孙真坊村	4	2	1	2	7	6	7	3	3	2	3.9

续表

序号	乡村名称	消费吸引物（权重 0.41）				生态吸引物（权重 0.42）				社会吸引物（权重 0.17）		吸引强度
		区位 0.34	面积 0.22	混合度 0.24	密度 0.2	面积 0.24	多样性 0.26	特色性 0.29	参与度 0.21	文化特色 0.53	综合服务 0.47	
5	白龙沟村	5	2	1	2	7	7	7	4	4	2	4.3
6	柳西村	3	2	1	2	8	8	8	3	3	2	4.2
7	杏景口村	3	2	1	2	7	8	8	4	4	2	4.3
8	白庙村	1	3	2	3	3	3	3	4	5	3	2.9
9	郝家寨村	4	2	1	2	5	5	5	3	3	2	3.4
10	甘峪口	6	2	1	2	8	8	8	5	6	2	5.1
11	马峪沟	5	3	2	3	6	7	7	4	6	3	4.8
12	西八什村	1	2	1	2	3	3	3	3	3	2	2.3
13	念庄村	4	3	2	3	4	3	3	4	5	3	3.4
14	曹村	6	2	2	3	5	5	5	3	6	3	4.3
15	富村窑村	6	3	2	3	6	6	6	5	6	3	4.8

西安与秦岭北麓乡村空间作用强度计算表　　　　　　　　　　表 5-3

序号	乡村名称	吸引强度	距离	阻力系数	空间作用强度	空间作用强度等级
1	王过村	2.5	59	1.2	2.34	1
2	仝家滩村	3.2	58	1.1	2.96	3
3	柳泉口村	3.6	58	1.2	3.39	3
4	孙真坊村	3.9	57	1.1	3.66	4
5	白龙沟村	4.3	57	1.1	4.08	5
6	柳西村	4.2	59	1.2	3.91	4
7	杏景口村	4.3	57	1.2	4	4
8	白庙村	2.9	57	1.2	2.71	2
9	郝家寨村	3.4	56	1.1	3.15	3
10	甘峪口	5.1	56	1	4.8	6
11	马峪沟	4.8	55	1	4.51	6
12	西八什村	2.3	56	1.2	2.13	1
13	念庄村	3.4	54	1.1	3.22	3
14	曹村	4.3	54	1	4.03	5
15	富村窑村	4.8	52	1	4.52	6

2. 峪口区乡村发展重心向南偏移威胁水源地

从秦岭北麓户县段和长安区段乡村与城市现状空间作用强度分布图（图 5-6、图 5-7）可以看出，长安区的乡村强度等级整体明显高于户县段，尤其沣峪口一带的乡村等级更高，这是区位和交通带来的影响，具体原因在之前的宏观尺度部分已经进行了分析，在此不再赘述。从中观尺度峪口区来看，户县段与长安区段整体都呈现出环山路以南比环山路以北强度等级高，越靠近山脚强度等级越高，而在山脚处越靠近河口、峪口等地强度等级更高的特征。尤其是户县段，虽然整体强度等级偏低，但是很明显可以看出高强度等级乡村沿山脚呈带状排列。长安区段也基本呈现这一趋势，只是由于子午大道和长安大道直接与环山路相连，受到交通区位的影响，两条道路周边的乡村强度等级也有所提高。综上，山脚、峪口、河道和冲洪积扇扇顶区等生态资源密集区乡村与城市空间作用强度高，对生态环境与水源地的保护存在威胁。

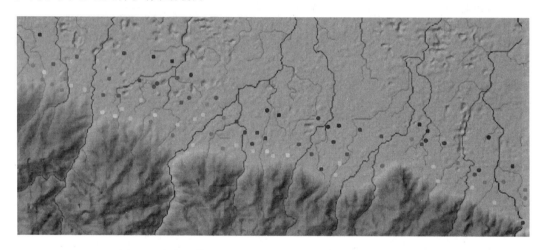

图 5-6　秦岭北麓户县段乡村与城市现状空间作用强度分布图

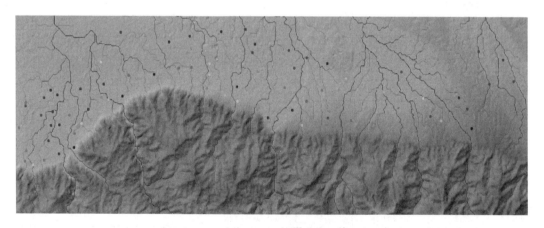

图 5-7　秦岭北麓长安区段乡村与城市现状空间作用强度分布图

3. 生态逐渐被消费捆绑，生态资源面临消耗

图 5-8 为根据秦岭北麓乡村吸引强度计算表绘制的 163 个乡村各分项折线图，灰线代表生态吸引强度分值分布线（生态线），黑线代表消费吸引强度分值分布线（消费线），浅灰线代表社会吸引强度分值分布线（社会线）。乡村排序是按照由西向东的顺序排列，西

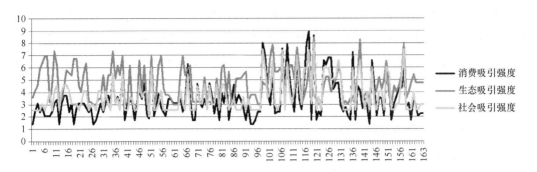

图 5-8　秦岭北麓乡村生态、消费和社会吸引强度分布图

边 1 号到 104 号为户县段乡村，104 号到 163 号为长安区段乡村。生态分值较高的乡村通常处于扇顶区、河道边等生态资源密集区，分值低的处于扇缘或平原区。从图中折线分布可以看出，生态线高低分布由东到西较为均衡，长安区局部略高，这跟峪口与河道沿秦岭北麓的均衡分布有关，只不过由于长安区段乡村及周边历史遗迹较多，近些年也注重景区开发，所以参与度等指标相对较高。消费线长安区乡村整体偏高，部分地段的乡村明显比户县乡村高出很多，形成分数断层。这印证了之前宏观尺度的分析，子午大道和长安大道直连环山路，加上类城市飞地的带动，周边乡村快速发展。社会线基本与消费线相关，这也符合一般规律，消费高的地方服务相应也会受到重视。

从三种折线之间的关系可以看出，户县段乡村消费线与社会线相关度较高，随着区位的变化，愈向东趋近城市越近分值愈高，且与生态线的相关度逐渐加强；生态线整体基本保持分值均衡。然而，长安区段乡村三种折线相关度较高，即生态分值高的地方消费分值与社会分值也相应偏高。这也是目前长安区发展现状，生态资源密集的地方，也是环境优美、最具旅游开发价值的地方，因此也会吸引大量消费，增加服务。但是，开发提升力度越大对生态的破坏也就越大，尤其在旅游发展势头越来越强劲的时候，这种趋势会越来越明显，例如户县东段比西段离城市近且交通相对便捷，从图中可以看出，生态线逐渐由左向右与消费线和社会线的相关度增加，这也是秦岭北麓乡村目前的发展趋向，生态被消费捆绑，生态引领消费而消费又使生态资源面临消耗。因此，只有对乡村空间发展进行有效的引导和控制，才能防止生态恶化趋势愈演愈烈。

5.2.2　冲突的本质揭示

1. 城乡发展均以资源掠夺为基础

西安城市与秦岭北麓乡村的发展可以说是持续向南拓展侵袭的过程，其本质是人类不断向自然掠夺生态资源的过程。农业时期城乡发展是对耕地资源的掠夺，民以食为天，城乡从土地最为肥沃的冲洪积平原处发展，在丰硕物产的滋养下人口逐渐增多而导致用地不足；进而继续砍伐森林，侵占冲洪积扇扇缘区、扇中区和扇顶区，直到峪口；由此继续上山，向山坡和河道蔓延，直至深入秦岭腹地。城镇化时期，随着大众休闲时代的到来，秦岭北麓不仅作为粮食蔬菜生产基地，还成为人们休闲度假，享受山水环境的旅游目的地，城市又以乡村为跳板开始了对生态旅游资源的继续掠夺。只知索取没有回报，或者索取远大于回报都属于强取豪夺，人类将自己看成了生态的主人，肆意挥霍，看似赢利可到最后仍然是失败的一方。所以与其说城乡发展是建立在资源掠夺的基础上，倒不如说是建立在自我毁灭的贪婪之上。

2. 生态成本完全被忽略不计

由于人类的观念是将自然生态与人类自身割裂开来的，自然生态属于外物，人类的发展就是运用自身的能力和智慧开发、利用和战胜自然来发展自己，所以自然生态的消耗在发展中是不计入成本的，石油、矿藏、水等生态资源的价值仅仅等价于开采这些资源所消耗的劳动力的价值。劳动价值论告诉我们，劳动创造价值，价值是凝结在产品和社会服务中的社会平均劳动时间。因此，资源本身没有价值，开采时与开采后对生态系统的影响与破坏也没有价值补偿。由于将生态成本完全忽略不计，所以人们误以为生态资源取之不尽用之不竭，将人类贪婪的本性毫无约束地施加在生态环境上，从秦岭北麓生态环境历史变迁来看，生态始终在持续负重，且担子越来越重。

3. 区域生态重要性等级被忽视

区域生态格局如同城市区域一样，不同区域承担着不同的服务功能，重要性等级也有层次之分。对于生态区域，不同地段、位置生态过程不同，承担的生态服务不同，重要性等级也完全不同。例如：河流上游的生态重要性等级就比下游高，因为如果上游受到污染，整条河流都会受到影响，而下游被污染影响范围相对较小。同理，发源于秦岭北坡的河流均在秦岭北麓下渗补给地下水，这一地区的建设与开发极易对地下水和生态环境产生破坏性作用，可能进一步引发更大范围的环境和社会问题。因此，生态问题并不能仅从局部地段寻找问题、解决问题，而是应该和城市一样，必须从宏观尺度、更大范围了解生态的过程与格局，从生态运作的整体系统中寻找问题的症结所在，并探索解决途径。

5.2.3 冲突的转化策略

近乎疯狂的贪欲推动着现代经济也使其成功扩张，但是这样的发展不可持续，不仅破坏生态，而且终究会让人类自吞苦果。所以，人类不可能完全脱离于生态之外，而是生态环境中的一部分，若要使人获得持久的利益，就要保证生态环境能够持续维持正常的生态系统功能。另外，生态系统的功能类似人类的劳动，也可以创造价值，生态系统提供的生态服务可以创造生态系统服务价值，因此衡量一个区域的发展不能仅从经济产出进行评估，而应该将生态服务价值计入其中，只有取得经济产出价值与生态服务价值的综合最大化才说明一个区域的发展是健康可持续的。同时，生态格局的研究也十分必要，秦岭北麓峪口区冲洪积扇扇顶、扇中、扇缘、河道、植被等多种异质景观相互是如何作用的？生态过程是怎样的？只有将这些充分揭示才能有助于人们对其生态格局进行保护与优化，并在确保生态服务功能正常运行的基础上进行适度发展。

5.3　微观尺度：乡村个体形态转变与生态需求相互冲突

5.3.1　冲突的形成过程

1. 乡村个体形态由紧凑转向发散无序

进入城镇化阶段，秦岭北麓乡村受到城市发展的影响，形态逐渐发生变化，整体呈现出散点布局、分散生长的方式，这一点在第 2 章的现状问题归纳中已经进行了总结，但是对于个体乡村的具体变化和原因还未涉及。因此本章的微观尺度研究依然选取五台镇的留村作为研究对象，研究乡村个体形态的转变。由于留村位于长安区，受到城市的冲击影响较大，保护与发展的矛盾在留村的发展中清晰浮现，因此非常具有可作为研究对象的典型性。

留村本身的形态紧凑完整，旧时四周均有寨墙围绕，直至现在寨墙的遗迹仍然依稀可辨。在城镇化的影响下，留村虽然整体还是围绕原有乡村发展，但呈现了发散和无序的状态。图 5-9 为留村 2013 年 8 月 29 日与 2016 年 8 月 12 日的卫星影像对比图，2013 年图中白线部分为 2004 年以后的新建用地。从图中可以看出，新建用地不同于第 4 章总结的传统乡村紧依巷道的紧凑型生长方式（延伸型、并列型和补充型），而是在道路的影响下向外扩张并零散布局于留村周边，使得留村边缘不再完整，2016 年的图像显示得更为明显，留村边缘彻底呈发散状，留村南部到峪口区已被零碎的建设用地铺满。

图 5-9　留村卫星影像对比图

2. 乡村新建用地选址布局盲目失当

（1）扇中区建设选址

留村所在地为白蛇峪峪口区冲洪积扇的扇缘，留村以南一直到白蛇峪口村的大片耕地属于冲洪积扇扇中区与扇顶区，但是关中博物院的建设占据了大片耕地，而用地的选址正处于渗水效果比较好的冲洪积扇扇中区，大量建设用地覆盖在扇中之上，这样会使得雨水不能及时下渗补充地下水。雨水由于没有下渗通道只能顺坡而下，万涓成水，地表径流因此增多，在多雨的季节极易引发洪水。就整体而言，山前冲洪积扇是山洪的主要排泄地，有学者做过测算得出秦岭北麓山前冲洪积扇的渗水量完全可以应对雨季山洪，也就是说山洪暴发时，经过冲洪积扇基本就能够全部下渗补给给地下水，不会给下游带来危害。但是冲洪积扇一旦被建设用地覆盖，不仅排泄山洪的功能消失，也会造成地表径流的增加，加重下游生态风险。

（2）建设占用老河道

由于乡村新建用地的盲目开发，建设选址更多从经济效益等方面考虑，而不再重视建设带来的风险。图 5-10 中的左图部分为留村新建的医院和幼儿园，右图是用 DEM 高程图提取出来留村所在区域的河道，图中河道是石砭峪河，从留村西边经过，留村东边紧邻留村还有一条石砭峪河的支流，左图卫星影像标注出了支流的相对位置。

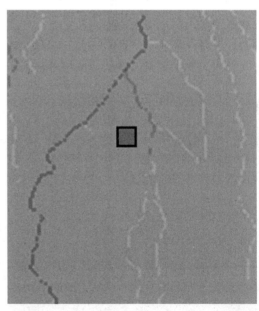

图 5-10　留村新建医院、幼儿园占用老河道

两张图对应起来看就可以发现，留村的医院和幼儿园都建在支流的河道上。现场调研时据说上游进行了人工改道，河流不再从老河道经过，但是村里的老人均表示十分担忧，他们早已目睹过洪灾的无情。秦岭北麓人工改造河道早有先例，其中潏河就是被改造最多的河流。潏河原本发源于秦岭北麓，穿过关中平原直接汇入渭河，但是现在的潏河在经过

香积寺处向西拐和滈河相交并一同汇入沣河，成为沣河的支流。潏河的改道可追溯到汉代，一是为了给昆明池引水，二是因为离城市过近，为了避免洪水的危害而进行改道。古都长安的水利工程的确造福了当时的社会，这也被后人称道为古代劳动人民智慧的结晶，但是其带来的后患也绝不能被忽视。山洪暴发之处总是会沿着河流故道倾泻直下，而不会顺着改道后的人工河道流走，因此当地就有"水上碌碡堰，漂泊长安县"的民谚，碌碡堰就是为了使潏河转向而用碌碡设置的河堰，史上曾多次记载过潏河暴发过的洪水灾害。嘉庆《长安县志》载："堰集碌碡为堤，故名。河身浸高，水常漫堤北行，故为石洞以通渠道。洞上累石高数尺，以防泛滥，不岁加修治，遇有涨溢，则皂河及通济渠下流必受其害矣"。皂河就是潏河改道前向北直达渭河的老河道，可见，人为的改造与利用仅能改变河流局部的走向，但是却改变不了整个流域的地形地貌，更改变不了洪水的走向。

（3）建筑布局无气候适应性

新建用地不再考虑山麓区特有的气候因素，传统乡村中针对冬季严寒和夏季干热特征所发展出的避风循环、降温冷巷等适应性空间布局均不再使用，更多的是模仿城市住宅或街区的布局方式。如图 5-11 所示，左图为留村南边的关中民俗博物院空间布局卫星影像图，古民居是关中博物院的主要展示内容，从图上可以看出，古民居的布局还是参考了关中传统乡村依巷紧凑排列的方式，但是东西向交通道由于追求开合变化而布置得过于错落，以至于缺少窄通道和连续面，所以难以形成降温冷巷，更无法实现避风循环了。右图是新建的住宅区，完全是城市小区的布置方式，交通更多考虑的是车行的便捷，东西向通道甚至比南北通道还要宽，更无法形成连续面，说明建设已经完全没有应对气候，适应生态的意识了。

图 5-11　留村新建用地无气候适应性

5.3.2 冲突的本质揭示

1. 乡村缺乏适应性产业发展和自生能力

城镇化导致城市经济快速发展而乡村发展严重滞后，城乡经济差异不断拉大，导致乡村人口逐渐流向城市。城市不断发展扩张带来的环境问题又使得一部分城市人口流向乡村，因此在城乡之间导致人口流动的就是地区间的差异性，差异越大人口的流动就越频繁。存在于西安与秦岭北麓之间的差异就是经济与生态差异，经济差异导致乡村大量劳动力外出城市打工，大量乡村用地流转、出租，乡村空废化严重；生态差异又使得城市人口在节假日大量涌入山麓寻求生态滋养。因此乡村对于城市人口的吸引主要在于乡村的生态环境，而不是乡村本身，乡村自身落后的经济与综合实力不可能吸引城市反而会不断被城市吸引。导致经济落后的原因有多种，但是仅靠农业耕作，而缺乏相适应的二三产业的转型、升级，是无法拉近与城市的距离的，土地流转也无法换来持续性的发展。尤其对于秦岭北麓的乡村发展来说更是阻力重重：工业发展明令禁止，旅游服务业的机遇又被类城市飞地劫夺，科技产业又毫无能力，因此，缺少适应性的产业和自生能力是目前秦岭北麓乡村发展滞后的主要原因。由于自身缺乏稳定的吸引力与凝聚力，而又处在强大的城市引力作用下，秦岭北麓乡村用地如同乡村人口一样向外四散，希冀寻求更多的发展机遇。通过对留村农家乐的调研数据计算，8家被调研的农家乐总共从业人员14人，每家平均不到两人，年营业额总计55万元，人均39286万元，乡村农家乐一般设施简单、食材可自家生产，所以整体成本较低，利润一般能达50%以上，因此人均纯收入约2万。根据《五台文化旅游名镇城市总体规划（2014—2020）》的统计，2013年五台镇农民人均纯收入13008元，可见在经济的驱使下，临街进行小规模农家乐与服务点的开发是最现实的选择。

2. 传统乡村形态不适应现实需求

秦岭北麓乡村由于经济发展落后，类似于留村境况的村落很多，虽然外围发展混乱，可是内部很多都保有传统的布局形态。图5-12为用空间句法做的留村各时期形态轴线分析图，左图是环山路修建之前的留村轴线图，西弥路向北连接西安，向南连接南五台的弥陀寺，图中可以看出，这一时期老环山路是可达性最高的道路，乡村与城市的关系并不紧密，留村内部主要为村民住区，整体可达性低，只有庙后街可达性较高。留村自古就是朝圣的目的地之一，村中的广惠公祠（张良庙）自唐代就有记载，可见留村的空间布局自古就延续下来，主要功能为居住与朝圣；中图是环山路修建之后的轴线分析图，西弥路的可达性明显有所提升，城市与乡村的往来逐渐频繁；右图是留村近些年开发之后增加新道路的轴线分析图，新道路的修建提升了环山路的可达性，这与现实相符，环山路的发展潜力越来越大。从三张图的对比可以看出，近年来交通道路的增加和改善更多提升的是乡村外部交通的可达性，这也印证了宏观尺度的分析，环山路成为发展的热点区域，沿环山路开发成为趋势，但是留村内部几乎没有变化，依然延续千年以来的空间格局和主要功能：居

图 5-12　留村各时期形态轴线分析图

住与朝圣。通常空间形态的稳定性远远高于建筑单体和建筑功能，建筑的寿命不过百年，功能可以随时调整变化，但是道路形成的空间形态和格局往往能够持续几百年或者上千年。千百年后，在城镇化的影响下人们的生产、生活状态已经发生巨大变化，居住和朝圣已经无法满足人们多元化的生产、生活需求，所以空间成为羁绊，要么放弃使其空废，要么在外围重新选择用地发展而造成蔓延，因此，乡村空间的适应性重构成为当下需要解决的首要问题。

3. 乡村用地规模发展不适应生态需求

从生态保护、水源涵养的视角来讲，秦岭北麓冲洪积扇扇中区、扇顶区承担着重要的水源涵养功能，且小河道密集，因此均不适宜进行建设开发。秦岭北麓目前限制开发区的划定是从 25°坡线开始，25°以下就成为适度开发区，但是以 25°坡线作为保护区的界线并非基于生态系统的有效保护来制定的，而是从有利于开发建设的角度提出的，因为坡度大于 25°是不适合作为建设用地的。从生态角度来讲，秦岭北麓作为山地和平原的生态过渡带，扮演着生态屏障区、水源涵养地、地下水补给区的重要生态服务角色，反而应该严加保护而不是适度开发。可是由于历史原因，秦岭北麓已经被过量乡村占据，很多峪口区的扇顶和扇中区都有乡村分布，因此，秦岭北麓乡村发展尤其需要极度谨慎，任何用地规模上的扩张都会给秦岭北麓的生态环境雪上加霜。例如留村本身的选址处于扇缘带，但是由于北部紧邻环山路发展空间有限，所以原本作为农业用地的扇中区和扇顶区成为开发建设的黄金地带，如图 5-9 所示留村 2013 年和 2016 年的对比图，仅三年留村南部到峪口区的大片扇顶和扇中区域就被肆意侵占，连河道也不能幸免。

5.3.3　冲突的转化策略

由于秦岭北麓乡村所在地域生态环境的特殊性与复杂性，因此有必要了解这一特殊地域生态系统的运作方式，建立清晰明确的生态保护格局，并以此为依据制定乡村的发展限制边界，促进秦岭北麓乡村未来良性发展，这同时也是秦岭北麓乡村发展的首要任务；在此基础上根据乡村所在的具体位置与保护格局的关系确定乡村未来的发展方向，与保护格局冲突的乡村可考虑逐渐迁移或就地消解，无冲突的乡村可考虑适度发展；寻找适应于秦岭北麓乡村条件和环境的适应性产业发展模式，形成全产业链相互衔接，增强乡村自生能力，提升乡村综合实力；重塑乡村适应性空间布局形态，顺应地形地貌，应对气候特征，在延续传统乡村生态适应性紧凑布局模式的基础上，同时应对乡村新的生活与生产需求，探索秦岭北麓乡村适应性发展模式。

第6章　秦岭北麓景观格局优化与边界划定

6.1　研究范围与步骤

6.1.1　研究范围与选取原则

1. 选取原则

选取秦岭北麓景观格局的研究范围不仅要考虑景观生态的研究，还需考虑后续对乡村空间的进一步探索，综合生态与乡村的考量，研究范围选取依据地质地形特征典型性、乡村空间布局完整传统和发展保护矛盾凸显三项原则进行选取。地质地形特征典型性：研究选取的范围能够集中体现秦岭北麓地域的地质地貌、水系与植被等自然环境特征；乡村空间布局完整传统：研究范围内的乡村需要以空间完整的传统村落为主，这些村落更易于揭示乡村空间与秦岭北麓生态环境的适应关系；发展保护矛盾凸显：研究所在区域受到城市发展影响比较强烈，乡村空间发展矛盾尖锐，这样有助于关键问题的研究与揭示。

2. 尺度Ⅰ研究范围

研究范围从宏观到微观，分为尺度Ⅰ、尺度Ⅱ和尺度Ⅲ三个尺度层级。其中尺度Ⅰ主要以概括性的景观格局框架建构为主，需要从宏观视角进行梳理。另外，尺度Ⅰ的研究范围还需与相关的上位规划进行衔接，因此在范围选择上需要覆盖以往的规划范围。秦岭北麓水系呈与山脉垂直的南北向纵切秦岭山脉，整体形成类似于梳状的水系形态。另外，由于坡陡水急，气候干旱，山前形成大小不等的冲洪积扇连接成带，最终形成峪口与河道、冲洪积扇等地形地质要素相互叠加组成的秦岭北麓独特的地域结构形态。因此，若要研究清楚秦岭北麓这种地域结构的生态格局，首先需要从更大范围，即秦岭北麓各河流从发源开始到汇集到更高等级河流为止的完整尺度进行研究，因此尺度Ⅰ的研究范围限定于西安市东西行政边界，南至各河流南部流域域界，即分水岭，北至各河流北部流域域界，即渭河。研究对象以宏观片区、廊道为主，强调研究的框架性，为下一步尺度Ⅱ——流域范围的景观安全格局的建构提供指导方向与研究基础。

3. 尺度Ⅱ研究范围

秦岭北麓水系发达，素以"72峪"而著称，因此流域是构成秦岭北坡生态环境的基本单元。以某一具体流域为研究对象和研究主体，对其完整的生态单元的生态本底展开探讨，通过对研究主体范围内的水文过程、地质灾害和生物、气候等多个景观过程的系统分析，运用GIS软件和阻力面等分析技术，可以识别出保障上述各种景观过程自然连续性的关键性空间格局；其次，将各单一过程景观格局叠加并综合，形成景观安全综合格局，并以此为参照，构建保障太平河流域生态安全的生态基础设施；进而，可为秦岭北麓西安段的组成单元——峪口区的生态安全格局提供基础。因此尺度Ⅱ选取秦岭北麓的典型河流，太平河流域为研究对象。太平河流域是沣河流域的子流域，包括了山地、山麓以及平原地区，是一个完整的生态单元。太平河流域地处户县东南部地区，西起黄柏峪，东临高冠河，在长安区郭村附近汇入沣河。以尺度Ⅱ太平河流域的景观安全格局的建构为基础，将有利于秦岭北麓的组成单元，也就是尺度Ⅲ峪口区的景观格局的进一步深入探索。

4. 尺度Ⅲ研究范围

尺度Ⅲ的研究范围选取太平河流域的秦岭北麓片区——太平峪峪口区。该区主要包括太平河流域峪口地区的山前冲洪积扇区与山前的主要地区。这一地区自古以来就与西安城市的联系紧密，分布大量的古村落与遗址遗迹。随着城市不断扩张，太平峪峪口区乡村与城市的关系日益密切，受到的影响也与日俱增。乡村生活方式与生产模式都发生了极大变化，生态环境受到冲击，因此太平峪峪口区不仅从生态视角来说位于秦岭北麓典型流域，从乡村空间发展来说面临的问题复杂尖锐，对太平峪峪口区进行模拟应用的案例研究，具有较强的代表性与说服力。同时，深入探讨这一地区的景观格局与优化，将为进一步探索秦岭北麓乡村的适应性发展模式打下良好基础。

6.1.2 研究步骤

研究步骤采用卡尔斯坦尼兹创建的六步骤，其中第一～三步骤重点在于分析问题，第四～六步骤重点在于解决问题。分析问题中的关键步骤是步骤二：景观过程，解决问题的关键是步骤四：景观改变，提出景观优化方案。

1. 第一步，景观表述

景观表述主要为对现状景观的表述，采用两种表述模式：水平过程和垂直过程。水平过程研究景观格局水平空间之间的相互关系；垂直过程则采用麦克哈格的"千层饼"模式，分层研究再叠加；景观表述通过历史资料与气象、水文、地质等统计资料的收集，应用地理信息系统，建立景观包括地形地物、水文、植被、土地利用状况等的数字化表述系统。同时，在现状格局基础上确定生态格局的源地，即景观过程的源，为景观过程研究进行铺垫。

2. 第二步，景观过程

自然过程与生物过程是与本区关系最为紧密的两类景观过程。通过景观过程的分析和模拟最终判别空间联系，即识别对这些过程的健康与安全具有关键意义的景观格局，包括缓冲区、远间连接、辐射道和战略点等。在各种过程分析方法中的重要研究手段就是趋势面（又称阻力面）分析。趋势面反映了物种运动的潜在可能性及趋势，但不是所有过程都需要通过趋势面进行分析，有的可以选用相对便捷的分析方法。

3. 第三步，景观评价

景观评价即评价现状格局是否能够保障景观过程的健康与安全，重点是评价现状景观格局对各种景观过程的价值和意义。简单地讲就是评价现状景观的生态服务功能究竟如何以及景观格局与景观过程之间的适宜性，包括对自然过程和生物过程的利害作用。本书中重视景观空间格局与景观过程的关系研究，将景观格局是否能够保证景观过程的自然连续性作为重要杠杆。

4. 第四步，景观改变

针对上一步的景观评价，景观改变将提出改变现状景观过程中不合理的部分，同时对景观格局进行优化，以保证景观过程的健康和安全。阻力面是反映物种运动的时空连续体，用等阻力线表示为一种矢量图，通过设定门槛值，形成某过程某一安全水平上的景观安全格局。本书分为高中低安全水平，不同的安全水平对应相应的安全格局。因此，景观改变在高、中、低三种不同安全水平上，判别对景观过程具有战略意义的景观元素和空间位置关系，最终形成三种不同安全水平的景观安全格局，实现景观优化。

5. 第五步，景观评估

景观评估是针对景观改变方案，对其景观过程进行评估。通过评估各种自然过程、生物过程，进行生态服务功能的综合的影响评价并确定其价值与意义。另外，还要进行景观多方案比较，分析比较其异同，有助于最终的景观决策。

6. 第六步，景观决策

景观决策是以景观多解方案和评估结果为基础进行选择与决策，并进行生态基础设施构建、三区划定（严禁建设区、控制建设区和适宜建设区）和导则制定并将其作为乡村或区域发展规划的刚性控制条件。

6.2　尺度Ⅰ：秦岭北麓景观格局框架建构

6.2.1　与上位规划的衔接关系

与秦岭北麓相关的上位规划在第 2 章已经进行了详细梳理，秦岭北麓景观格局框架性构建，就是将各个规划进行综合叠加，凝练整理，为流域和峪口区的研究提供基础框架。一方面可以实现与上位规划的衔接，另一方面可以在上位规划基础上不断聚焦研究范围，细化控制内容、完善并健全从宏观到微观的景观格局研究，为下一步乡村空间发展给出更明确的空间边界与指导细则。因此本章节的研究是对以往保护规划研究的补充完善与深入细化。

6.2.2　秦岭北麓景观格局框架

秦岭北麓宏观层级尺度Ⅰ的研究，对接各相关保护规划的范围、内容与规定，通过对秦岭北麓地质地貌、水资源、生物资源、地质灾害等特殊生态条件的调研与分析，最后综合提炼出"一带、五区、六点、十五廊"的景观格局框架。其中"一带"：即山前冲洪积扇水源涵养补给带。"五区"：即绝对保护区、一般保护区、生态控制区、生态协调区和生态过渡区，对接上位规划的相关区域。"六点"：即各级支流相交的节点片区，也是洪水灾害多发区；"十五廊"：即以黑河、涝河、沣河、潏河、滈河、浐河和灞河七条流量较大的河流与西洛河、就峪河、田峪河、赤峪河、耿峪河、甘峪河、潭峪河、皂河八条流量较小的河流为依托的绿色生态带。"十五廊"顺应秦岭北麓的梳状水系，整体格局也呈梳状。

6.3　尺度Ⅱ：太平河流域景观格局研究与优化

6.3.1　研究对象

尺度Ⅱ以整个太平河流域生态单元为研究对象，如图6-1所示。太平河流域地处户县东南部地区，西起黄柏峪，东临高冠河，发源于秦岭北麓的太平峪，是沣河流域的子流域，于草堂镇大良村北出户县，在长安区郭村附近汇入沣河。太平河流域面积214km²，是户县四大河流之一。需要说明的是，太平河在历史上多次变道，曾经直接汇入渭河，现在的西安新河有可能就是太平河的故道。由于洪水通常走故道，历史上有很多教训，这在第5章已经论述，因此本书在太平河流域范围的选择上将故道的流域范围都囊括进来统一

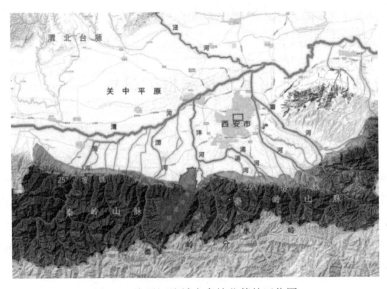

图6-1　太平河流域在秦岭北麓的区位图

研究进行管控。

6.3.2　太平河流域景观表述

1. 自然景观特征

（1）地形地貌

太平河流域包含中山、低山、河道与山前冲洪积扇，形成由中山到平原梯度不断递减的地貌格局。地势南高北低，南为秦岭北坡山地，面积 192km²，占流域总面积的 79.7%，山梁主走势为南北走向，山势较为陡峭。北部平原最低点海拔 348m，山区最高海拔 2984m，相对高差 2636 m。太平河流域坡向主要以北、东北、西北为主，图 6-2 为太平河流域高程、坡向、坡度和地质现状分析图。

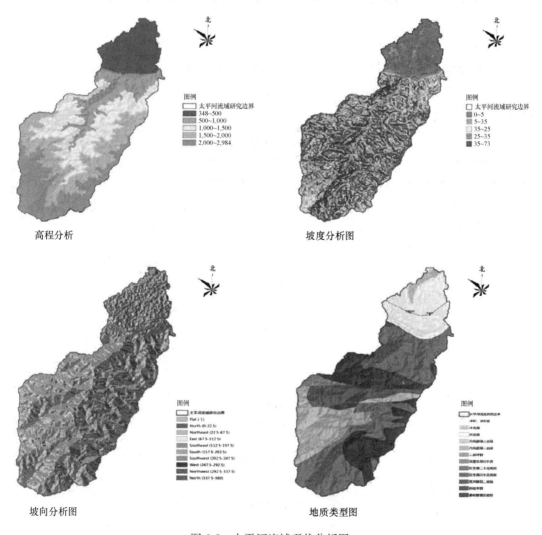

图 6-2　太平河流域现状分析图

（2）气候特征

太平河流域地处户县境内，自然条件优越，属暖热带半湿润大陆性季风气候区，四季冷暖干湿分明，无霜期年平均 216 天，年平均气温 13.5℃，极端最高气温 43.0℃，极端最低气温 -16.9℃，年均降水量 627mm。日照全年总数为 1983.4h，全年太阳总辐射为 109.69 千卡/cm²；气温以 7 月为中心，中间高，两头低，呈马鞍形，最高位 7 月，平均为 26.8℃，最低位 1 月，平均为 -0.5℃；降水是夏秋季多，冬春季少，雨量地区分布存在差异，南多北少，平原西多东少，山区东多西少。年蒸发量 1223mm，蒸发量大于降水量；年平均湿度 0.68。冬季（12 月、1 月、2 月）及 6 月份湿度为 0.2～0.3，为干旱期，降水量少于蒸发量，是土壤严重失水时期。9 月、10 月份湿润度为 1.4～1.8，降水量明显大于蒸发量，属于土壤层蓄水分时期；历年各月风向以西风（W）为主，其次是东北风（NE）。

（3）土壤

太平河流域土壤成土母质主要为塿土、山地草甸土、水稻土、潮土、石渣土、褐土和黄土，共有 7 个土类，14 个亚类，29 个土属，其中石渣土为主要组成部分，占流域总面积的 70.58%，见表 6-1、图 6-3。

太平河流域土壤分类表　　　　　　　　　　　　　　　　　　　　表 6-1

土类	亚类	土属
塿土 （占比 7.31%）	油土	黑油土
	立茬土	红立茬土
		黑立茬土
黄土 （占比 2.09%）	黄塿土	白塿土
		黄塿土
		淤塿土
		非石灰性黄塿土
潮土 （占比 3.01%）	潮土	泥质潮土
		沙质潮土
		垫垒潮土
	湿潮土	泥质湿潮土
	黑潮土	鸡粪土
水稻土 （占比 4.81%）	淹育型水稻土	沙质田
		泥质田
	潴育型水稻土	锈沙田
		锈泥田
	潜育型水稻土	青泥沙田
		青泥田

续表

土类	亚类	土属
褐土 （占比 5.46%）	淋溶褐土	淋溶褐土
		片石淋溶褐土
山地草甸土 （占比 6.74%）	山地草甸土	麻石山地草甸土
		片石山地草甸土
石渣土 （占比 70.58%）	褐土性石渣土	片石褐土性石渣土
		麻石褐土性石渣土
		石麻石褐土性石渣土
	棕埌性石渣土	麻石棕埌性石渣土
		片石棕埌性石渣土
	暗棕埌性石渣土	麻石暗棕埌性石渣土
		片石暗棕埌性石渣土

注：资料来源于户县县志。

（4）水文

太平河流域主要河流为太平河及其他 6 条河流（表 6-2），均源出秦岭北麓，贯通南北，太平河全长 42.2km（其中山区段 35.4km，山外段 6.8km），流域面积为 241km²，年均径流量为 7022 万 m³。山区集水面积 192.02km²，平原区面积 49.08km²，总落差 2636m。紫阁河与神水河是其主要支流，太平河流经长安区郭村处与高冠河汇入沣河，如图 6-4 所示。

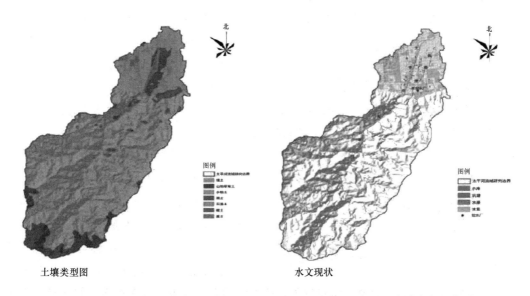

图 6-3　太平河流域土壤类型图　　　　图 6-4　太平河流域水文现状图

太平河流域水系一览表 表 6-2

水层	河名	支流	山口位置	河长总计（km）	山区河长（km）	面积总计（km²）	山区面积（km²）	年总径流量（t）	平均流量（t）
太平河水系	太平河		太平乡太平口	34.80	28.00	180.50	163.50	6540.1	2.070
		神水峪	宋村乡郝家庄	3.03	1.80	1.85	1.34	37.5	0.011
		紫沟峪	宋村乡杜家庄	9.00	6.38	11.84	0.53	0.53	0.108
		子房峪	宋村乡郝家寨	4.55	2.25	2.88	1.96	1.96	0.017
		土地峪	—	4.28	1.28	1.52	0.62	0.62	0.005
		牛心峪	—	3.30	1.80	1.50	1.00	1.00	0.009
		合计	6条	58.96	41.51	200.90	79.01	79.01	0.579

注：资料来源于户县县志。

太平河流域属富水区，地下水分布除山区多为火成岩含水介质差外，浅层水的分布主要在平原，平原区位于山前冲洪积扇区，水资源充沛，地下水存量丰富。根据附录C和附录D及太平河流域地质类型可以初步判断，太平河流域地下水极丰富区域位于太平河宁家庄、草堂寺以南，水位埋深1～8m，涌水量一日800～4500t；地下水较丰富区域位于太平河宁家庄、草堂寺以北，含砂少。水位埋深20m，涌水量一日达2500t（图6-4）。

2. 生物景观特征

（1）植物特征

太平河流域地处陕西关中渭河流域，在西安市区正南方，自然条件优越，属暖温带半湿润大陆性季风气候区，在中国植被分布中处于暖温带落叶阔叶林带。太平河流域位于秦岭北坡，由于地形高差很大，植被呈现明显的垂直地带性分布，如图6-5所示。

1）山麓农耕带

山麓农耕植被分布于海拔390～550m之间，从山前冲洪积平原向山地过渡，自然植被基本破坏殆尽，主要是农耕植被构成的农业景观。

2）山地落叶阔叶林带

山地落叶阔叶林带紧接山麓农耕带，分布于海拔780～2800m之间，共分为五个带。其中栓皮栎林亚带，分布于海拔780～1200m间，常见树种：栓皮栎、黄栌、毛樱桃等；尖齿栎林亚带，分布于海

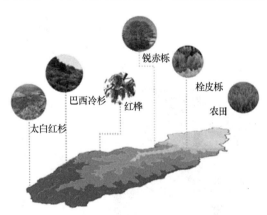
图 6-5 太平河流域植物分布图

拔1200～1800m间，尖齿栎林为常见树种，伴生树种有栓皮栎、辽东栎等少量个体。灌木层有绣线菊类、胡枝子类等；辽东栎林亚带，分布于海拔1800～2300m范围内，常见树种：

辽东栎、山杨、千金榆等；红桦林亚带，分布于海拔 2300～2600m 山地，常见树种：红桦林。混生牛皮桦、巴山冷杉等；牛皮桦林亚带，分布于海拔 2600～2800m 的中山地带，常见树种：牛皮桦林夹有少量巴山冷杉、红桦等乔木。

（2）动物特征

太平河流域动物物种多样，动物种群大多处于秦岭山区以及渭河及其支流中，农田中也有分布。兽类主要有草兔、赤腹松鼠、羚牛等，主要鸟类有环颈雉、锦鸡、长尾雉等。其中，羚牛是中国一类保护珍贵动物，大鲵、长尾雉属国家二类保护动物。秦岭羚牛、林麝、青羊等是秦岭山脉的特产动物，其分布在秦岭主脊冷杉林以上，一般生活在 150～3600m 的针阔混交林、亚高山针叶林和高山灌丛草甸，而其他动物，如鸟类中的野鸭、环颈雉和长尾雉等，主要栖息地是低山丘陵、林缘、灌丛、沼泽草地以及农田地边和公路两边的灌丛草地中，分布高度多在海拔 1200m 以下，但有时亦生存在海拔 2000～3000m 的高度。而其他普遍性留鸟，栖息地主

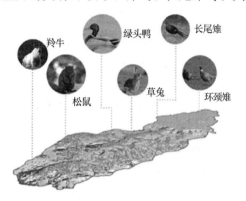

图 6-6　太平河流域动物分布图

要在海拔 1000m 以下山丘的浓密灌木林中。松鼠、草兔等的分布范围就比较广，在整个寒温带森林地区都能见到。太平河流域主要生物栖息地位于秦岭山区，平原区未渠化的河流及其滩地，还有部分平原区农田、苗圃亦分布有部分生物的栖息环境，如图 6-6 所示。

3. 现状综合景观格局

将自然与生物景观现状进行叠加，得到太平河流域现状景观格局图。太平河流域内主要分为人工的景观斑块（建成区）和半自然的斑块（人工种植、果园等）以及自然斑块（林地、自然水系等）。为了方便研究将现状景观格局中的自然斑块细化分为七个生态系统：建成区、农耕区、水系统、辽东栎林亚带、红桦林亚带、栓皮栎林亚带和牛皮桦林亚带，形成景观单元图，如图 6-7 所示。

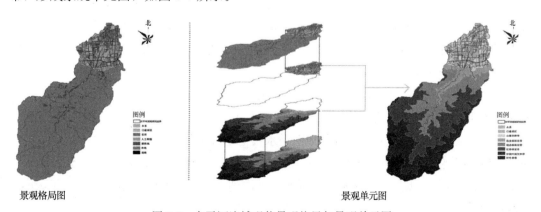

景观格局图　　　　　　　　　　　　　　　　　景观单元图

图 6-7　太平河流域现状景观格局与景观单元图

6.3.3 太平河流域景观过程

景观过程分析分为自然过程和生物过程，通过过程分析和模拟为景观评价提供评价依据。

1. 水文过程

（1）垂直过程

1）降水

秦岭山地降水量800mm以上，沿山720～800mm，中部平原600～720mm，渭河600mm以下，年总降水量为627.6mm，最多为957.5mm（1964年），最少为391.8mm（1977年）。冬季降水最少，仅24.8mm，占全年降水量的4%，形成冬旱，秋季降水最多，为217.3mm，占全年34.6%，尤其是8月、9月、10月这三个月雨量最集中，占全年40.2%，其中9月份雨量最大，为110.5mm，且阴雨日数多。

2）下渗

太平河流域山前堆积的第四纪冲洪积物，厚度在300～500m以上，分布于山基线以北至草堂寺以南。冲洪积扇的中上游，第四纪堆积物颗粒粗、分布范围广、厚度大，可达上百米，透水性好。太平河经由秦岭山地流入平原，在峪口的冲洪积扇区产生大量垂直渗漏，几乎全部补给进入了山前洪积扇的地下水。太平河流域内冲洪积扇中上部的潜水就主要接受太平河水的垂向渗漏补给，如图6-8所示。

（2）水平过程

1）地表径流

由于太平河流域的地表径流主要来自降水，其时空分布规律和降水量的规律基本一致，因此，太平河流域地区的径流深度，山区大于平原、南部大于北部，地表径流由南向北递减，如图6-9所示。此外，太平河流域平原区段上中下游水量又各不相同，上游太平口村水量较大，从环山路大桥一直到郭南村以南水量下降，从郭南村北一直到沣河交会口，水量明显增大。

太平河山外段未进行治理前，出山后散流于野，又分东、中、西三股。三股河流形成东西宽达5km，南北长达6km左右的河漫滩。1975年对太平河山外河段进行治理，新开河槽长6.8km，浆砌石河槽6.35km。河道的硬化整治对水文的水平过程有所阻断。另外，河道防洪硬化、渠化工程经过30多年的运行，屡遭破坏，护底带、溢流坝水毁严重。

2）地下水平径流

河水与地下水关系极为密切，至7～9月汛期，由于受陡涨陡落的地表径流影响，太平河流域地下水位变化幅度较大，说明地下水库水量更新和调蓄能力受地表径流影响极大。太平河流域内冲洪积扇中上部的地下潜水接受垂直渗漏补给后又以水平径流方式补给冲洪积扇前缘的潜水及承压水，并进一步补给太平河流域下游地下水直至渭河，如图6-8所示。因此，太平河流域从竖向降水、下渗到补给地表径流和地下水形成了天然的水源补给系统。

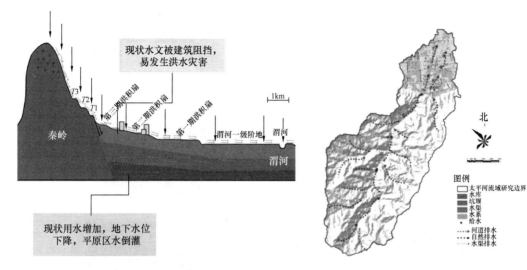

图 6-8　太平河流域水文垂直过程分析图　　　图 6-9　太平河流域水文水平过程分析图

2. 地质过程

秦岭北麓之上的山坡地区，由于所处的地壳动力学环境独特，在断裂活动、长期而强烈的新构造运动和外动力地质作用下，崩塌、滑坡、泥石流等斜坡地质灾害极为发育。区内基岩裸露，峰峦绵亘，沟谷发育，地形陡峻，深大断裂发育，岩体破碎，沟谷上部多呈 U 形，而底部多呈 V 形，具有"山大、沟深、坡陡"的特点。适宜的地形条件加上充沛的降水，使得基岩山地成为泥石流、崩塌、滑坡的高发区。山区河流流向自南向北，由于流水的长期作用，形成一系列切割较深的峡谷，各峪道河谷宽窄差异大，宽浅处有 100～250m 宽的河谷小盆地，为山区耕地及居民的集中地。斜坡基底由深变质岩和花岗岩组成，岩石局部破碎，表面风化严重，堆积层薄，基岩裸露面积大。风化砂堆积于斜坡之上，如遇不规范人类工程活动及强降水等因素诱发，易形成滑坡、泥石流，在坡度较陡处，裸露破碎的基岩可形成岩质崩塌。

3. 生物过程

生物过程分析是在生物物种和栖息地调查的基础上，选择具有指示性或者具有重要保护价值的物种和群落，把握各类动物的水平扩散和垂直选择栖息地的行为模式，从而分析人类对于潜在栖息地格局的干扰和影响，探讨在生境破碎化严重的情况下生物保护得以实现的途径。本书以能够表征太平河流域典型生境为目的，选取出白鹭、环颈雉、松鼠三个能较为全面地代表着区域生物多样性状况的动物来进行分析。生物过程主要分析动物的觅食、迁徙过程，这两个过程需要以动物的栖息地为基础，根据动物的不同生存习性确定觅食范围、迁徙路径等。现状生物过程的主要特点为白鹭栖息地主要位于河道以及滩涂地等水资源丰富地区；环颈雉栖息地多分布在低山丘陵地带，觅食范围较大；松鼠多分布在针叶林区域，便于觅食，栖息地小，具体内容见附录表 E。图 6-10 为太平河流域生物过程分析图。

图 6-10　太平河流域生物过程分析图

6.3.4　太平河流域景观评价

景观评价主要研究现状格局是否能够保障景观过程的健康与安全，具体研究的是现状景观结构下的各种自然、生物过程是否自然连续和安全，尤其是人为干扰影响下造成的生态服务功能受损的状况。

1. 水文评价

太平河流域水文自然过程主要包括降雨径流的汇集流动过程、坑塘湖泊的蓄积调蓄过程以及雨水下渗回补地下水过程。近年来不断增加的建设开发不同程度地影响到以上过程。其中，雨水下渗回补地下水过程的影响最为显著，太平河经过多次人工改造，平原大部分河道经过人工工程改造进行渠化与硬质化，早已丧失天然河道排水泄洪、生物涵养等功能。

2. 地质评价

太平河流域地质灾害主要集中分布在南部山地区域，由于位于秦岭北坡地区，所处的地壳动力学环境独特，在断裂活动、长期强烈的新构造运动和外动力地质作用下，崩塌、滑坡、泥石流等斜坡地质灾害高频爆发。太平河流域内人为干扰对地质灾害的发育和发生起到一定影响作用，一方面，由于森林被砍伐，山地斜坡缺少植被的保护而使基岩暴露，在风化作用影响下，极易形成泥石流。另一方面，随着经济的发展，大量的工程建设在用地紧凑的山谷乡镇中形成人与山争地的局面，使更多的人暴露在潜在的自然灾害面前，从而增大了灾害的易损性。

3. 生物评价

目前太平河流域对生物栖息生境产生较大干扰的人为活动主要包括：人工建设干扰、环境污染和新型旅游开发模式的兴起。河道的人工固化阻隔了水体中生物与周边环境的物质循环过程，加剧了生态用水的消耗，破坏了原有生物的栖息生境和生物循环的基本环境。太平河流域内两河交汇口区域原有的自然湿地受村庄扩张等影响，不断萎缩和退化，严重影响水生动植物的生长，使鸟类失去食物源和栖息地，同时加重了环境污染；森林公园的旅游开发规模日益膨胀，导致森林生态环境受到一定影响。

6.3.5　太平河流域景观改变

通过上述评价，分析区域景观格局和生态服务功能存在的问题，研究景观格局的优化设计，保证景观过程的自然连续性与安全性。景观改变通过建立太平河流域的景观安全格局进行格局优化。首先用计算机判别模拟出能保证景观过程安全性的范围，利用 GIS 软件，将前期成果通过源、缓冲区、阻力面的方式输入计算，分别计算模拟出地质、水文、生物三种自然安全格局，并分为高中低三种安全水平。

1. 太平河流域水文安全格局

太平河流域水文安全格局的构建，主要由水源保护和防洪安全两方面内容组成。水源保护主要为保障流域范围内水源地的饮水安全，通过对流域范围内的主要水源黄柏峪水库，按照水源地一级保护区与二级保护区范围设置缓冲区，进行保护。防洪安全是从整个流域出发，通过控制一些具有关键意义的区域和空间位置，留出可供调、滞、蓄洪的湿地和河道缓冲区，最大程度地减少洪涝灾害程度。根据《2014 年户县太平河防洪预案》的洪水风险频率 5~10 年一遇（5%~10%），20 年一遇（5%），50 年一遇（2%）的相关数据和成果进行推演，建立不同等级防洪安全格局，且水源保护和防洪安全格局叠加形成了生态安全格局（图 6-11）。

2. 太平河流域地质安全格局

泥石流、滑坡和崩塌是太平河流域内的主要地质灾害。秦岭北麓山前存在大断裂、纸房断裂、蒋村—余下隐伏断层和渭河南岸隐伏断层四个实测断裂带和位于南部山区的两个推测断裂带。地质安全格局首先进行地质灾害要素空间定位，将地质灾害高发区，如泥石流脆弱性区域、崩塌脆弱性区域等作为地质灾害防护安全格局的源，参考相关研究数据确定地质灾害缓冲区的等级和范围，最终得出地质安全格局，如图 6-11 所示。

3. 太平河流域生物安全格局

分别对区域指示性物种赤腹松鼠、大白鹭和环颈雉进行建立趋势面分析、识别栖息地作为源等手段，构建多水平单一生物安全格局，然后进行叠加和综合，得到综合生物保护安全格局，如图 6-11 所示。

最后根据重要性与利害关系，通过专家调查法赋予水文、地质、生物权重值分别为0.4、0.4、0.2，经过叠加计算得出生态综合安全格局，如图 6-11 所示。

地质安全格局×0.4+水文安全格局×0.4+生物安全格局×0.2=生态安全格局

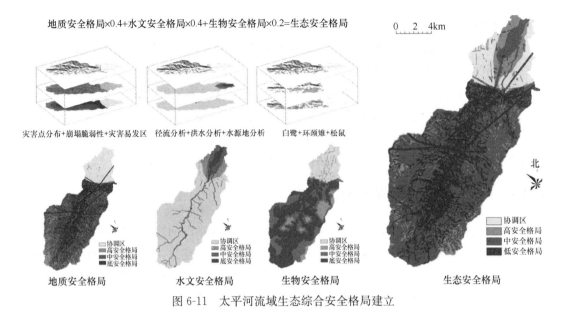

图 6-11　太平河流域生态综合安全格局建立

6.3.6　太平河流域景观评估与景观决策

景观评估是对上述提出的关于生态景观改变方案的评估与比较。通过与现状格局和上位规划分别进行高、中、低三种方案的比较研究，并最终根据需要进行选择与决策，并构建生态基础设施，为进一步的空间规划提供明确的管控指导。

1. 与现状综合格局比较与博弈

将太平河流域生态综合安全格局与现状综合格局进行叠加，分别找出高、中、低三种格局与现状的冲突点，并对现状作出评价指正。通过比对发现处于中安全格局状态和低安全格局内的建设区，都属于严重冲突点，如草堂营村和建大校区部分建设用地处于地质断裂带，需要进行调整，另外太平河河道两侧，部分建筑处于洪水淹没区，也需要进行退让（图 6-12）。

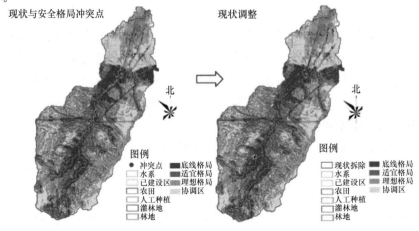

图 6-12　与现状比较与博弈

2. 与上位规划比较与博弈

规划的本质是各个利益主体间的协调与平衡,生态格局优化方案与上位规划进行比较,有助于规划方案不仅满足发展方的利益还能保障生态环境的利益不受侵犯。因此,将综合安全格局与上位规划进行叠加比对,分别找出在三种不同安全格局与上位规划间的冲突点,并分析其所影响的各子项安全格局,进行综合分析与评价(图 6-13)。

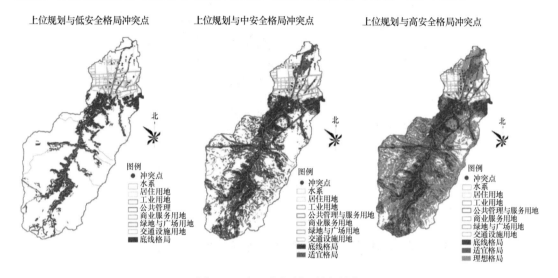

图 6-13 与上位规划比较与博弈

3. 格局选取

根据太平河流域的实际情况,本书经过权衡现状与规划发展的需求,不同地段选取了不同层级的安全格局。在 25° 坡脚线以上的秦岭山地区域选择了各个过程的理想最高安全水平,以实现最大的保护目的;同时峪口区作为适度开发区域,以中安全格局为主要目标,尽量满足最高安全格局的保护范围;平原区作为远期发展区域,以保障底线安全格局为基础,尽量实现中安全格局。

4. 生态基础设施(EI)构建

在选取出的安全格局基础上,识别其中的斑块、廊道、基质并构建生态基础设施,如图 6-14 所示。斑块主要为沿紫阁河的一块生物栖息地、沪太八号葡萄种植基地和太平国家森林公园;廊道主要识别出重要道路廊道,同时增加三条景观生态廊道,剩余的基底便是基质。斑、廊、基和战略点组成的景观空间关系便是生态基础设施。由于本书最终目的是通过构建尺度Ⅱ整体太平河流域生态基础设施,从而为尺度Ⅲ太平峪峪口区景观格局的深入研究与优化提供基础,进而为秦岭北麓乡村空间的发展提供依据与指导,因此,尺度Ⅱ太平河流域景观格局研究不再向规划指导拓展,具体的空间管控与规划指导将在尺度Ⅲ太平峪峪口区的研究中细化。

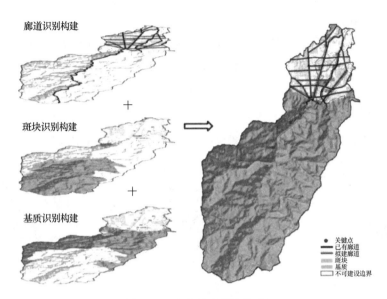

图 6-14　生态基础设施构建

6.4　尺度Ⅲ：太平峪峪口区景观格局研究与优化

尺度Ⅲ将研究范围聚焦在太平河流域的峪口区域，也就是太平河流域与秦岭北麓的交会区，研究步骤与尺度Ⅱ相同，继续沿用卡尔斯坦尼兹的六步骤模式，并在尺度Ⅱ太平河流域生态基础设施构建基础上进行更加精确的微观过程研究。尺度Ⅲ太平峪峪口区的景观格局研究与优化是对尺度Ⅱ太平河流域尺度研究的细化、修正与改进，并最终构建太平峪峪口区生态基础设施，并在此基础上划定禁建区、限建区、适建区三个区域范围，并对上位规划作出调整，制定综合规划导则。

6.4.1　研究对象

太平峪峪口区的主要区域和研究重点是山前冲洪积扇，研究范围的选择上基本包括太平峪峪口山前冲洪积扇的主体部分，南边主要以秦岭 25°坡脚线为界，为了扇顶区的完整和后续乡村的研究，南部靠近扇顶区的边界向南突破秦岭 25°坡脚线，选取为所在乡村的行政边界，由于北部冲洪积扇的扇缘面积较大，远远超出秦岭北麓的北边界，因此北部边界参考秦岭北麓的北边界选取了相应的等高线为界，东西两侧则以太平河流域东西边界为界，如图 6-15 所示。

6.4.2　太平峪峪口区景观表述与景观过程

太平峪峪口区在地质、水文、土壤、气候等方面都很有特点，所以景观表述在上一尺度的研究基础上重点对冲洪积扇结构、土壤类型与分布和气候特征三个部分进行表述。生

图 6-15　太平峪峪口区范围示意图

物方面，动物活动几乎消失，本尺度主要通过对植物部分进行表述，分别描述太平峪地域多种乡土植物的分布。自然非生物部分和生物部分平面经过叠加，得到现状的景观格局图。

1. 冲洪积扇景观表述与过程研究

（1）冲洪积扇结构特征

太平峪峪口区的冲洪积扇属于埋藏型冲洪积扇，埋藏型冲洪积扇的形成通常分为三期，第一期冲洪积扇为晚更新世中期，其前缘距山前 3～5km；第二期冲洪积扇为全新世中晚期，迭覆在第一期的冲洪积扇上，其前缘距山前 1～3km；第三期冲洪积扇为全新世晚期和现代冲洪积扇，迭覆在第二期的冲洪积扇上，其前缘距山前一般只有几百米。太平河流域的冲洪积扇主要由太平河的洪水搬运作用形成，山前堆积的第四纪冲洪积物，厚度在 300～500m 以上，分布于山基线以北至草堂寺以南。

（2）冲洪积扇景观过程研究

太平峪洪积扇的形成，源于第四纪以来，秦岭山地的不断抬升，使得原来早已形成的秦岭准平面继续抬高，断层面不断抬高，抬升作用的间歇性，使秦岭北麓北侧留下不同高度的剥蚀面。发源于秦岭的河流，强烈地下切和侵蚀、破坏，改造着山地，形成许多深邃的岭谷，大量的侵蚀物质被河流搬运到至山前堆积下来，遇到暂时性大水流时形成牵引流，侵蚀物质随着水流一起被带走，慢慢沉积、叠加，在山前形成丰厚的物质基础，便形成了山前洪积扇。由于断裂活动，第一期洪积扇后缘被切割，沟口内残留部分形成洪积阶地 T3，后来它随着山体抬升发生剥蚀作用，其前缘陡坎逐渐后退；沟口外的第一期洪积扇称为 T3 洪积阶地的同期洪积扇，后来它随断层下降盘逐渐沉降以致被第二期洪积扇叠置、埋藏。断裂再次活动，第二期洪积扇后缘又被切割，形成洪积阶地 T2，又经抬升剥蚀，其前缘陡坎后退；在下降盘的第二期洪积扇又被第三期洪积扇叠置、埋藏，如图 6-16 所示。这样，随着断裂的周期性活动，太平峪山前洪积扇不断堆积、切割，形成了现今所见的上升盘多级洪积阶地与下降盘多期洪积扇叠置、埋藏的地貌格局。

据了解，对于冲洪积扇扇顶、扇中和扇缘的区分并没有严格的界限，通常是从砂砾的粗细程度、地形的坡度变化，或者用面积比例来推算，扇顶面积最小、其次是扇中，最大的是扇缘，常用1∶3∶6等比例进行推算。太平峪峪口的冲洪积扇属于多期洪积扇叠置、埋藏，结构复杂，因此本次研究对于扇顶、扇中和扇缘的区分首先依据历史文献及资料进行分析，由于草堂寺有泉水出露，且也有文献记载太平峪峪口的扇缘区在草堂寺一带，因此将草堂寺的南边视为扇中与扇缘的分界；另外由以上分析可知冲洪积扇在峪口区形成了三期阶地，且不断被切割，等高线密集坡度较陡，更具景观脆弱性，因此这一区域被定为扇顶区，因此峪口区研究范围内的冲洪积扇的分区如图6-16所示。

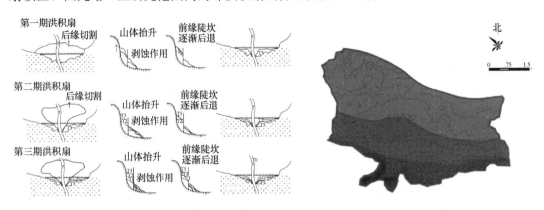

图6-16　峪口区冲洪积扇过程与分区图

2. 气候特征

太平峪峪口区由于特殊的自然生态环境造成了这一区域特殊的微气候，使得这一区域成为最适宜葡萄种植和冰葡萄生产的地方，目前这一区域培育的葡萄品种户太八号已成为国家地理标志保护产品。

（1）酸性土壤

太平峪峪口区年均500～700mL的降水量由于达不到900mL通常无法冲刷土壤盐碱成分从而形成酸性土壤，但是山前冲洪积扇的土壤是由秦岭山地900～1000mL的雨水冲刷下来的，已形成弱酸性，氨基酸丰富、微量元素充足，这也印证了之前对山地草甸土的推断。葡萄适合种植于微酸性土壤中，微酸性能够分解土壤中的矿物质，使葡萄口味更佳。

（2）超长光照

秦岭北麓的降水量虽然不够丰沛，但是相应的日照时间更长。户县年均有230天左右的无霜期，比法国葡萄盛产区多五六十天，能够使葡萄长时间吸收光能，有效生长并提升产量。因此，秦岭北麓204万亩山前洪积扇弥补了雨水条件无法形成酸性土壤的不足，同时又使得这里拥有降雨量900mL以上且没有的超长日照期，所以这里也就成为种植葡萄的最佳区域。

（3）局部低温

据调研了解，秦岭北麓从将军山往东9km的山体向内凹进7.4km，包含了7个峪口（高冠峪、祥峪、紫阁峪、太平峪、乌桑峪、黄柏峪、化羊峪），这7个峪口在太平峪峪口区形成寒流交汇的风口造成局部低温，范围大致在太平峪峪口区的环山路以南，这一地区的温度比西安城区大约低 12℃，比草堂镇区约低 8℃。尤其在冬天，山顶长时间覆雪，山顶寒风汇聚下来能够在这里形成 20 天左右的低温，而这一温度范围正好是冰葡萄形成的最适合温度，超出或不到都无法形成，因此太平峪峪口区成为我国为数不多的，具备自然条件出产的冰葡萄产区之一，也使得冰酒的加工成为可能。根据纪俭先生的分析，冰葡萄最佳产地为南至 107 省道，北至省道北侧 1.5km，东至太平河以东 700m，西至太平河西 1km。该区域能够满足冰葡萄 9 月成熟，树挂 3 个月而不烂。

3. 土壤类型与分布

（1）类型与分布

太平峪峪口区冲洪积扇顶部主要以石渣土为主，伴有褐土、潮土、黄土和塿土；扇中以塿土和山地草甸土为主，伴有少量的水稻土；扇缘以塿土、水稻土、褐土、山地草甸土为主，伴有少量的黄土。

（2）土壤特性与适宜性

扇顶区的石渣土是一种山地土壤，是由山地岩石风化后形成的疏松碎屑物，是一种母质性土壤。石渣土在山地分布面较大，层次过渡不分明，因此无地带性土壤发生层次。山地土壤绝大部分土薄石多，肥力极差，石渣土也不例外，因此不适宜种植农作物，适宜发展林牧业。褐土也是山地土壤的一种，又名褐色森林土，是发育于暖温带季风气候半干旱落叶阔叶林植被条件下的土壤。土质呈微碱性，黏性较重，有机质含量低，蓄水和抗旱性能差，虽然与其他山地土壤相比更适宜农业耕作，但是容易造成农作物发育不良。通常需要通过深耕换土，增加有机质肥料等措施提高褐土蓄水保肥的性能。塿土是在褐土的基础上，经人类长期大量施用土杂肥，在土层上层形成了一层较厚的熟化层，使土壤蓄水保肥和供水供肥性能显著提高。按土壤肥力和耕作的性能差异，塿土又分为黑塿土、红塿土和立茬土，其中黑塿土的肥力最大，扇顶区的塿土就属于黑塿土，扇中区的塿土主要为红立茬土和黑立茬土。扇中区的山地草甸土主要分布在太平河河道两边。山地草甸土通常位于中山山顶局部平缓且水湿条件较好的区域。山地草甸土的成土环境由于气候冷凉，土体湿润，草甸植被生长茂密，每年能提供大量植物残体，但分解缓慢，从而积聚于土体中，使土壤有机质和腐殖质明显富集，形成草根层或草毡层和较厚的腐殖质层。山地草甸土的成土环境显然与其所分布的扇中区环境不符，所以可以推断，扇中区太平河道两岸分布的山地草甸土是由雨水从秦岭山地冲刷下来的，这也与冲洪积扇的成因相符。水稻土土壤层深厚，有机质含量高，而且存在大量的潜在的肥力。黄土是在干燥气候条件下形成的多孔性具有柱状节理的黄色粉性土，湿陷性黄土受水浸湿后会产生较大的沉陷，但是土质肥沃，适宜农业耕种。

4. 水文特征与变迁过程

（1）水文特征

峪口区的水文特征与冲洪积扇的地质结构关系密切。冲洪积扇的扇顶与扇中区颗粒物堆积，透水性好，加上厚度可达上百米，地下水的埋层较深且有巨大的储水空间；冲洪积扇的扇缘区组成物质主要为黏土、细沙，似潜伏式天然截流坝，地下水水位相对较高，含水量丰富。扇顶、扇中区下渗透水、储水，同时起到洪水调蓄功能，再通过扇缘截流从而使冲洪积扇形成了理想的地下水库条件。峪口区山前洪积平原的潜水位埋深，从山前到平原呈现逐渐减低的趋势，水位的深浅是随着地形的升高而逐渐加深。扇顶区下的潜水水位最深，为 30～50m，扇缘区的潜水水位很浅在 1～30m 之间，有的甚至渗出地表，形成泉水。据说长安八景之一的草堂烟雾就是因为草堂寺地处太平峪峪口区的扇缘处，潜水埋深接近地表造成泉水出露、湿气浓重，才形成烟雾缭绕的景象。

（2）水文慢过程

峪口区的水文景观过程细化为慢过程和快过程两个方面进行分析研究。景观慢过程主要研究历经漫长历史时期并且对现在有影响的景观发育和水系变迁等内容，景观快过程和上一尺度研究内容一致。历史上，太平河河道出山后在峪口区有多次变道，《西安历史地图集》中的隋唐时期图显示，太平河出山后向西直接流入渭河，流经的河道在今天的地图中称为新河，西安新河属于古八水绕长安中的一支，其发源于秦岭北麓，流经长安、咸阳进入渭河。同时通过文献资料研究得知秦岭北麓的水系由于地层运动都经历过东西摆动的状况，从《西安历史地图集》中也能明显看到太平河在隋唐时出山后向西流，但是到了清代时期就摆荡到东部，摆动范围较大。另外，通过西安 30m 精度 DEM 高程图提取出的太平河河道也显示出山后向西流，基本与新河河道重合，由此可以初步推断西安新河有极大可能就是太平河的故道。由于秦岭的地层运动一直持续，所以太平河在 1975 年治理之前出山时又分成了东、中、西三股，1975 年的固化河道工程对河道形态造成了很大的影响，山外河段裁弯取直，形成河宽 50m，堤高 4m 的渠化河道，如图 6-17 所示。但是人工措施似乎并不成功，自修建以来，河道防洪工程水毁不断，目前，作为太平河防洪工程核心的护底带已全部水毁。

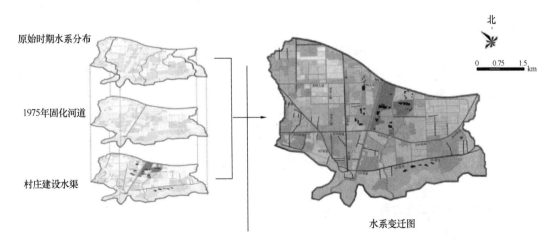

图 6-17　峪口区水系变迁过程图

（3）水文快过程

水文过程主要从水平方向和垂直方向对太平峪峪口区进行细化研究，水平方向上自然排水方向顺应地形由南到北，村庄均修建人工排水渠，最后大多直接排入农田。另外峪口区内多处出现人工采砂形成的深坑，导致地形变化复杂，地表径流大多排入低洼处。垂直下渗过程则与地表硬化率以及土壤下渗程度有直接关系，如图 6-18 和图 6-19 所示。

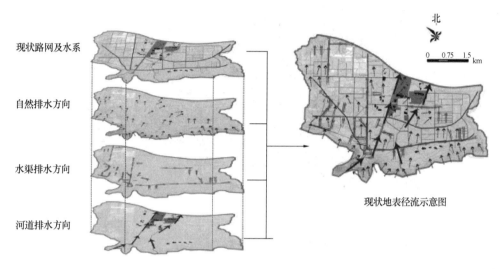

图 6-18　峪口区水文水平过程图

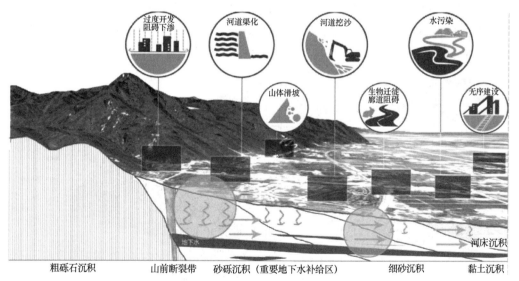

图 6-19　峪口区水文垂直过程图

5. 生物特征与过程

本尺度生物方面主要通过对植物部分进行表述，分别描述太平峪地域多种乡土植物的分布。平原片区内动物活动几乎消失，指示性物种几乎只有白鹭存在。在平原片区，白鹭主要围绕其栖息地有水的地方活动，也会在田地中觅食。峪口区以白鹭为指标性动物进行研究，通过对其不同活动过程的分析得到其现状过程出现的主要问题，如图 6-20 所示。

图 6-20　峪口区动物活动过程现状图

6. 峪口区现状景观格局

将景观表述中的生物部分与土壤类型、水文现状和洪积扇结构进行叠加，并用调研得到的内容进行比对更正，得到比宏观层面更深一层次的，分类更细致的现状景观格局图，如图 6-21 所示。

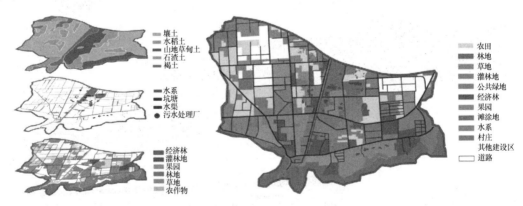

图 6-21　峪口区现状景观格局图

6.4.3　太平峪峪口区景观评价与景观改变

1. 地质评价与安全格局

地质方面，扇顶区形成的阶地和两边山坡出现的人工削坡等干扰破坏斜坡的稳定性，导致滑坡发生，如遇暴雨就转变为泥石流。另外，大量的工程建设在用地紧凑的山谷乡镇中会形成人与山争地的局面，比如，太平口村的选址刚好位于秦岭山前断裂带，且附近滑坡灾害较易发，而随着近年乡村发展，人口不断增加，将势必导致灾害的影响程度加大。另外针对土壤的研究，扇顶、扇中区的土壤由于砾度大，土层薄且肥力低不适合农业种植，与现状存在冲突，需要对植被种植进行相应调整。在上述研究基础上对现状景观格局进行优化设计得出太平峪峪口区的地质安全格局，如图 6-22 所示。表 6-3 为相应的地质安全格局规划导则。

地质安全格局规划导则　　　　　　　　　　　　　　　　　　　　表 6-3

地质安全格局	规划导则
高安全格局	1 允许建设，但应该对矿坑和地震带经过区域进行充分考虑，进行建设项目的可行性与场地承载力评估； 2 与区域发展定位相结合，发展与水系统安全，生物栖息地安全等系统相结合的生态项目，构建太平片区具有地质灾害防灾减灾功能的绿色生态基础设施
中安全格局	1 建议该区域避免建设，如果实在需要建设，项目前期需要进行可行性调研及风险评估，并且符合国家相关规范； 2 考虑结合生态安全格局的构架，发展生态体验及生态保护类型的项目
低安全格局	1 严格控制地震断裂带沿线不适宜建设区和已经形成塌陷或者矿坑的不宜建设区域，合理避让； 2 建议利用核心范围进行生态环境建设，发挥场地的生态服务功能和生态效益； 3 构建以地质灾害防灾减灾功能为主的绿色生态基础设施

2. 水文评价与安全格局

太平峪峪口区河流水平过程主要问题是：一是太平河的治理将原有散流于野的东、中、西三股蜿蜒曲折的天然河流改造成直线形的人工河流，河道的边坡及河床采用砌石等硬质材料，导致水分下渗和养分流受阻。也导致河流的急流、缓流、弯道及浅滩相间的格局消失，生境的异质性降低，特别是生物群落多样性随之降低。加之河道内大量修建水闸、水坝等工程蓄水拦截径流，使得太平河流域局部支流干涸；二是工农业污废水排放，地表径流增加，水缺少交换和稀释等，导致河流水质受点源及非点源污染影响严重。理想状况下，地表径流沿河道方向或等高线垂直方向自南向北流动，而现状情况下，村庄内人工水渠的设置使得水流产生东西方向径流，导致太平河平原区段污染现状为：峪口至渠化段的污染主要受到农田非点源污染和乡村生活和一些单位造成的面源污染，导致下游明显污染严重；三是流域内原本存在大量自然坑塘，在建设过程中往往被改建为人工鱼塘或直接填埋，使得坑塘湖泊应有的调蓄功能无法发挥。河流竖直过程中的主要问题是：太平河流域峪口及平原区冲洪积扇是流域重要的地下水回补区域，近年来，峪口片区不断增加的开发密度导致地表不透水铺装面积大量增加，影响水文垂直过程，不利于地下水回补造成。因此，通过对冲洪积扇扇顶、扇中、扇缘识别并将其作为水源地进行保护加入水文安全格局对于峪口区乃至更大的尺度都有重要意义。另外，研究范围内有两条分别由太平峪及高冠峪延伸出来等级较高的故道，将河流故道加入安全格局内考虑是一种防患于未然的做法，前文已经进行过讨论，因此通过格局优化设计得出太平峪峪口区水文安全格局，如图 6-22 所示。表 6-4 为相应的格局制定依据与规划导则。

水文安全格局规划导则　　　　　　　　　　　　　　　表 6-4

水文安全格局	河道缓冲区范围	规划导则
高安全格局	80～100m	1 相应设施的防洪安全标准必须提高，可以建设但建筑标高需提升； 2 各项目建设必须达到相应的防洪标准，严格限制污染的企业和大中型项目建设
中安全格局	60～100m	1 满足相关防洪标准和下渗需求，尽可能减少建设项目； 2 可以开展农业种植，但是需要优化用地布局与种植品种； 3 应退耕还湿、还林，恢复河道生态功能，在被人工改造的关键部位，应采取生态化工程措施，恢复自然河道； 4 发展生态项目、科普教育和科学研究，建设湿地公园、养殖场，满足社会、文化、审美需求
低安全格局	50～80m	1 维护天然湿地沼泽状态，严禁城市开发、村镇建设和大型设施构建，满足水源涵养、洪水排泄与生物过程等方面的需要 2 应退耕还湿、还林，恢复河道生态功能，在被人工改造的关键部位，应采取生态化工程措施，恢复自然河道

3. 生物评价与安全格局

峪口区是生物过程受到人为影响较大的区域。高等级道路的建设对区域生境起着切割、分割和阻抑的作用，阻碍了生物在不同栖息地之间的迁徙。道路对绿地斑块的切割影响严重，公路不仅切断了各生态系统间物种流动的路径，同时还会对栖息地生境造成噪声、光学和其他环境化学污染。如太平河流域主要的公路东西向新老环山路，对于从山地到平原生物的迁徙造成严重影响。环境遭受污染，生物生存环境的变化从而导致生物多样性锐减。太平河流域近年来河流受点源及非点源污染影响严重，水生生物和陆生生物都受到环境污染的威胁。新型农业开发模式的兴起导致原有自然景观格局趋于破碎化、农田景观趋于单一化，长期栖居农田的生物环境发生了较大的变化。从而导致野生生境的破碎和隔离，威胁到生物多样性保护与持续利用。表 6-5 为相应的安全格局规划导则。

生物安全格局规划导则　　　　　　　　　　　　　　　表 6-5

三种不同安全水平	保护区范围	规划导则
高安全水平	核心区外围 500～1000m 区域	1 优化土地利用用地分布，地带性植被比例可适当增加； 2 在核心关键区引入当地地域植被斑块或恢复乡土植被斑块； 3 构建与关键区域沟通的生物系统廊道； 4 需要进行野生动物安全设施建设，在道路建设中设置野生动物通过设施，全部或部分安装篱笆；道路两边种植不可食用的植物，引导动物从指定交叉点安全通过； 5 尽量避免人工建设，尤其避开生态敏感区

三种不同安全水平	保护区范围	规划导则
中安全水平	核心区外围 100~500m 区域	1 可在核心部位引入或恢复乡土植被斑块，优化植被群落的组分结构； 2 扩大各源间连接的廊道宽度； 3 尽量避免人工建设，严禁大型设施建设
低安全水平	核心区外围 100m 内区域	1 保护地带性植被群落，重点保护植被群落类型、多样性和组分结构； 2 建立主要生态格局源地与外围环境的沟通廊道； 3 维护用地的自然状态，严禁机动车道路的修建，严禁建设与开发； 4 需要提供野生动物营救设施，并设置相应的观测点

4. 太平峪峪口区综合安全格局

与尺度Ⅱ相同，赋予水文、地质、生物权重值分别为0.4、0.4、0.2，经过叠加计算得出生态综合安全格局，如图 6-22 所示。

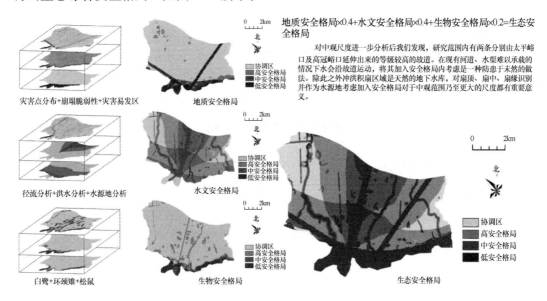

地质安全格局×0.4+水文安全格局×0.4+生物安全格局×0.2=生态安全格局

对中观尺度进一步分析后我们发现，研究范围内有两条分别由太平峪口及高冠峪口延伸出来的等级较高的故道。在现有河道、水渠难以承载的情况下会沿故道运动，将其加入安全格局内考虑是一种防患于未然的做法。除此之外冲洪积扇区域是天然的地下水库，对扇顶、扇中、扇缘识别并作为水源地考虑加入安全格局对于中观范围乃至更大的尺度都有重要意义。

图 6-22 峪口区综合安全格局图

6.4.4 峪口区景观评估与景观决策

1. 与现状景观格局比较与博弈

将峪口区综合安全格局与现状格局相叠加并找出冲突点，如图 6-23 所示。建设现状基本处于中安全格局内，但是在太平河道两侧和地质断裂带上存在部分建筑处于低安全格局，因此需要对现状格局做出调整建议，部分建筑需进行加固处理，其他建筑需进行退线拆除处理。

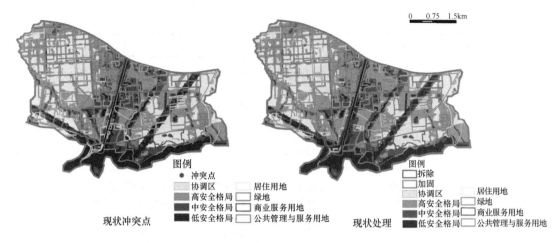

图 6-23　与现状比较与博弈

2. 与上位规划比较与博弈

将峪口区综合安全格局与上位规划相叠加，在此基础上分项分析各自安全格局和上位规划间的冲突点，并对上位规划作出调整建议，如图6-24所示。

3. 格局选取

在与现状景观格局和上位规划的比较分析的基础上，对太平峪峪口区各子项安全格局三种不同安全水平的分析比较，如表6-6所示，考虑到秦岭北麓适度开发区的定位和生态环境的健康、安全，最终选取中安全格局进行生态基础设施构建。

三种水平安全格局比较分析表　　　　　　　　　　　　　　　表 6-6

太平峪峪口区各子项	低安全格局	中安全格局	高安全格局
水文	扇顶区，有少量建设和道路、硬质铺地等影响雨水下渗。主要河道两岸洪水淹没区、河道缓冲区局部被建筑覆盖	扇顶区，有少量建设和道路、硬质铺地等影响雨水下渗。但河道两侧的洪水淹没区和缓冲保护带被退让出来	河道保持原生态状态，保护完整
生物	基本保证白鹭的栖息地，但活动廊道及踏脚石被建筑侵占	基本可以保证白鹭活动过程的连续性	保证了平原片区生物多样性，沪太八号这些关键性点得到完整保护
空间特征	村庄沿太平河道两侧呈组团分布，联系紧密	太平河道和环山路交点地块作为中心开放空间，其他村庄围绕这个中心组团分布	草堂镇被中间大型开放空间分割成两个联系较为薄弱的村落
交通网络	道路分级明确，扇顶区交通可达性过高	主要道路与中心太平河和太平口村联系紧密	河道两侧乡村、扇顶区乡村交通发达
开放空间系统	各乡村沿太平河和环山路呈组团状分布，联系紧密	太平河和环山路交叉处呈中心开放空间，其他开放空间呈点状、带状分布	河道两侧呈一条大型绿带贯穿于草堂营村中

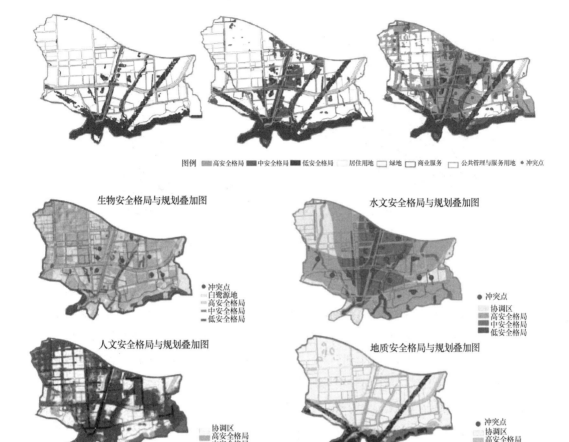

图 6-24　与上位规划比较与博弈

4. 生态基础设施（EI）构建

通过斑块、廊道、基质的识别和战略点的选择和构建，建立太平河流域生态基础设施，为进一步的发展建设打好生态之底，如图 6-25 所示。再通过综合安全格局和生态基础设施结合分析，根据三区划定依据进行三区划定，如图 6-26 所示。三区划定依据为：

（1）严禁建设区划定参考依据：①法定保障边界：扇顶下渗区、基本农田保护区、水源地保护区（一级与二级保护区）；②各单项与综合安全格局的低、中安全格局；③太平河河道两岸 50m 内区域，紫阁河两岸 50m 内区域，其他河道两岸 30m 内区域；太平河 20年一遇洪水淹没区；④地质安全格局：15m 为下限，30m 适宜。

（2）控制建设区划定参考依据：①扇中区、潜在洪积扇下渗区；②各单项与综合安全格局的中、高安全格局；③水源二级缓冲区 100m（现状无冲突）；建议保留坑塘及水渠保护范围，但不作硬性要求；④生物安全格局源地。

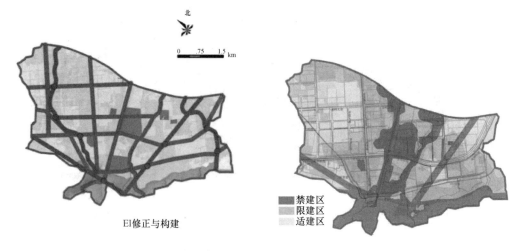

图 6-25　峪口区生态基础设施构建　　　　图 6-26　峪口区三区划定

严禁建设区应严格禁止城市开发和村镇建设，禁止任何有损于生态保护的工程项目，在冲洪积扇扇顶区等核心关键区，应恢复自然河道，保护水源涵养功能，需要采取退耕还林、退耕还湿等措施，必要时可采取生态化的工程建设措施，将干扰降至最低程度。严禁建设区可以鼓励生态保护，可适当发展无设施建设的生态休闲游览项目。控制建设区可以保留农田，但是应调整生产结构和经营开发方式，可以考虑农林间作等方式既有助于涵养水源、保护生态环境，也能发展经济，平衡发展与保护的矛盾。控制建设区应鼓励发展生态项目，少量建设旅游设施。适宜发展区需优化土地利用结构与面积配比格局，建设防护林并增加地带性植被比例，构建景观生态廊道系统。适宜建设区应鼓励符合城市规划的各类用地；禁止不符合要求的产业政策和污染型项目。

5. 规划调整

基于中观综合格局、修正后的生态基础设施与三区划定结果对上位规划进行调整。这一部分的规划调整需要结合乡村空间规模、布局、功能和产业的发展来最终确定，因此具体的规划调整内容将在第 7 章展开，在此不赘述。以下是结合乡村空间研究内容后的最终规划调整方案，如图 6-27 所示。为了将生态保护贯彻始终，充分发挥生态基础设施的作用，需要分别对规划调整后的每个地块区提出导则控制。各单一过程的安全格局均建立分项导则，在规划设计中，各个地块与其各分项导则进行比对，可以发现地块在不同分项下的安全格局以及详细的指导内容，建设边界及建设内容更加清晰，使得生态基础设施能够更好地在各个地块内落实。

首先对调整后的上位规划中的每个地块进行编号，针对每个地块在不同分项存在的问题制定相应的指导内容与解决策略，并且对导则也进行编号，形成综合导则表，如表 6-7 所示。分别将导则编号和地块编号作为对照表格的横纵轴，在每个地块中有联系的分项问

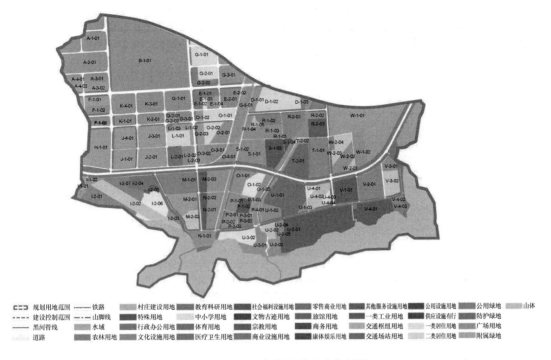

图 6-27　峪口区规划调整方案格局图

题坐标上画"√"，形成太平峪峪口区规划地块对应导则指导详表，见表 6-8。

综合导则表　　　　　　　　　　　　　　　　　　　　　　　表 6-7

编号		导则	安全格局
W 水文	w1	维护天然湿地沼泽状态，严禁城市开发、村镇建设和大型设施构建，满足水源涵养、洪水排泄与生物过程等方面的需要	低
	w2	应退耕还湿、还林，恢复河道生态功能，在被人工改造的关键部位，应采取生态化工程措施，恢复自然河道	
	w3	满足相关防洪标准和下渗需求，尽可能减少建设项目	
	w4	可以开展农业种植，但是需要优化用地布局与种植品种；可以发展农业项目，发展畜牧业、养殖业	中
	w5	应退耕还湿、还林，恢复河道生态功能，在被人工改造的关键部位，应采取生态化工程措施，恢复自然河道	
	w6	发展生态项目、科普教育和科学研究，建设湿地公园、养殖场，满足社会、文化、审美需求	
	w7	相应设施的防洪安全标准必须提高，可以建设但建筑标高需提升	高
	w8	各项目建设必须达到相应的防洪标准，严格限制污染的企业和大中型项目建设	

续表

编号			导则	安全格局
B	生物	b1	以保护地带性植被群落，重点保护植被群落类型、多样性和组分结构，选择当地植物物种进行生态恢复与保育	低
		b2	建立主要生态格局源地与外围环境的沟通廊道	
		b3	维护用地的自然状态，严禁机动车道路的修建，严禁建设与开发	
		b4	需要提供野生动物营救设施，同时设置相应的观测点	
		b5	可在核心部位引入或恢复乡土植被斑块，优化植被群落的组分结构	中
		b6	扩大各源间连接的廊道宽度	
		b7	尽量避免人工建设，严禁大型设施建设	
		b8	优化土地利用用地分布，地带性植被比例可适当增加	
		b9	在核心关键区引入当地地域植被斑块或恢复乡土植被斑块	高
		b10	构建与关键区域沟通的生物系统廊道	
		b11	需要进行野生动物安全设施建设，在道路建设中设置野生动物通过设施，全部或部分安装篱笆；道路两边种植不可食用的植物，引导动物从指定交叉点安全通过	
		b12	尽量避免人工建设，尤其避开生态敏感区，严禁大型设施建设	
G	地质	g1	严格控制地震断裂带沿线不适宜建设区和已经形成塌陷或者矿坑的不宜建设区域，合理避让	低
		g2	建议利用核心范围进行生态环境建设，发挥场地的生态服务功能和生态效益	
		g3	构建以地质灾害防灾减灾功能为主的绿色生态基础设施	
		g4	建议该区域避免建设，如果实在需要建设，项目前期需要进行可行性调研及风险评估，并且符合国家相关规范	中
		g5	考虑结合生态安全格局的构架，发展生态体验及生态保护类型的项目	
		g6	允许建设，但应该对矿坑和地震带经过区域进行充分考虑，进行建设项目的可行性与场地承载力评估	
		g7	与区域发展定位相结合，发展与水系统安全，生物栖息地安全等系统相结合的生态项目，构建太平片区具有地质灾害防灾减灾功能的绿色生态基础设施	高

太平峪峪口区规划地块对应导则指导详表　　　　　表 6-8

导则编号 地块编号	w1	w2	w3	w4	w5	w6	w7	w8	b1	b2	b3	b4	b5	b6	b7	b8	b9	b10	b11	b12	g1	g2	g3	g4	g5	g6	g7
B-1-01							√	√																			
C-1-01			√	√	√	√	√	√																			
C-2-01			√	√	√	√	√	√																			
C-2-02			√	√	√	√	√																				

续表

地块编号＼导则编号	w1	w2	w3	w4	w5	w6	w7	w8	b1	b2	b3	b4	b5	b6	b7	b8	b9	b10	b11	b12	g1	g2	g3	g4	g5	g6	g7
C-3-01	√	√	√	√	√	√																					
D-1-01	√	√							√	√	√	√															
D-1-02			√	√	√	√										√	√	√	√	√							
D-1-03	√	√											√	√	√												
E-1-01		√	√	√	√	√	√	√								√	√	√	√	√							
E-1-02							√	√								√	√	√	√	√							
E-1-03							√	√								√	√	√	√	√							

第7章　秦岭北麓乡村空间适应性发展模式研究

7.1　宏观尺度：秦岭北麓乡村空间适应性发展模式

在第 5 章秦岭北麓乡村空间多尺度生态矛盾性冲突解析的基础上，综合第 4 章秦岭北麓乡村空间多尺度生态适应性规律探寻与第 6 章秦岭北麓景观格局优化与边界划定的有关内容，需要针对目前秦岭北麓乡村空间发展现状进行梳理，使乡村生产与生活空间耦合于宏观景观优化格局，有利于促进乡村生态、生产与生活空间协同发展。

7.1.1　城市—乡村空间适应性发展模式

从秦岭北麓宏观景观优化格局来看，秦岭北麓乡村发展空间有限。乡村发展东西方向受到各梳状河道流域的限制，向南发展受到冲洪积扇扇顶区和扇中区的约束，建设用地不适宜集聚、扩张，因此借鉴传统乡村扇缘分布的方式，尽量向环山路以北，冲洪积扇扇缘带拓展；秦岭北麓梳状水系天然划分出的梳状地块，借鉴传统乡村逐小水、趋域界的特征，将主要河道退让出来，形成与梳状水系相耦合的梳状城乡发展格局；同时，顺应梳状格局形成由城市近郊到秦岭北麓的多层绿心格局，层层分解秦岭北麓的客流压力；注重进行乡村产业转型与功能提升，形成完善、独立、具有自生能力，可以直接应对城市的互补功能节点。综上，形成宏观尺度城市与乡村具有整合性的空间适应性发展模式，如图 7-1 所示。

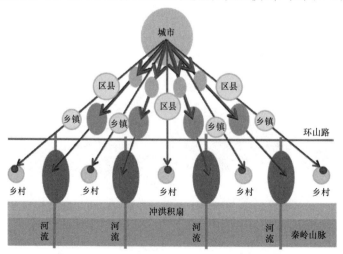

图 7-1　城市—乡村空间适应性发展模式示意图

1. 城乡梳状发展耦合景观格局

秦岭北麓的河流及两岸绿道呈梳状向城市延伸，城乡建设发展空间应耦合于这一梳状格局，呈相错的梳状向山地延伸，由城市、区县、乡镇至乡村建设规模逐渐减小，其间穿插数个绿色节点，形成大城市至小村落有机融合，都市与田园交融的城乡共荣模式。秦岭北麓传统乡村以农业耕作为主，耕作用地均围绕居住展开，这种人地融合的生产模式顺应了天然的自然地域格局，但是现阶段却无法与人们的生产需求与生活方式相适应，因此，未来秦岭北麓乡村宏观空间发展的重点是延续传统耦合于生态格局的发展空间，形成整体布局分散均衡，局部小规模紧凑发展的空间布局方式，另外进行产业转型与功能提升，培育自生能力。需要说明的是，秦岭北麓作为关中地区生态安全的重要屏障，即使乡村需要提升发展，也应避免形成与城市联系过于频繁的跳跃式发展，因此，建立城市与山麓之间的保护隔离区域也是十分必要且紧迫的。也就是说，在城市与秦岭北麓之间有必要选择或培育可以分担或弱化秦岭北麓客流压力的生态节点系统，与城乡建设区互补连接。多层梳状绿心格局就是这样一种具有保护屏障作用的生态节点系统，如图 7-2 所示，城市近郊的绿心可以与第三产业结合形成复合式发展，满足人们的娱乐、休闲及消费需求。趋近于山麓区的地区可以结合山麓区天然丰富的生态环境形成具有野趣的湿地公园、河道公园等，让人们充分感受原生态的自然环境，就近的乡村正好成为相应的服务点。这样的格局形式不仅可以形成生态过渡区，可以逐层疏解城市客流，有助于降低秦岭北麓对城市的巨大吸引力，而且还能有效促进大西安地区城乡均衡发展。从更宏观的角度来看，西安市的全局范围内进行绿心的布局和培育将会对整个城市的均衡发展起到重要的推动作用，这部分已经超出了本书的范围，是对研究前景的展望，在此不详细阐述，期待后续进一步的研究。

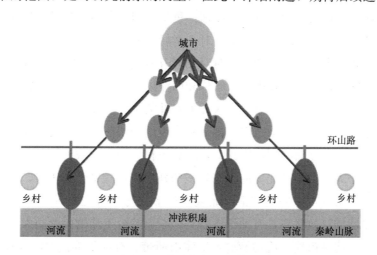

图 7-2　多层梳状绿心格局

2. 城乡梳状连接建立互补功能

在第 6 章生态基础设施与三区明确的基础上，理想状态下，城乡空间格局在严格的管控下是可以不侵犯景观优化格局的。但是，现实中空间发展往往会突破控制界限，这是我们应该汲取的教训。反思其成因，是因为城乡空间的发展有其内在规律，不同的功能布局会导致空间不同的引力格局和发展方向。因此，是否存在这样的可能性——即使没有严格的管控与约束，城乡空间发展也能够自发形成梳状空间耦合于景观格局，也就是说城乡的产业空间、功能空间自发地形成梳状分布并耦合于景观格局，最终生态空间与城乡空间的梳状交错，不仅满足了景观的健康与安全，同时还能满足这一地区兴旺发展的需要，这就是接下来研究的重点所在。

城市结构原理告诉我们，城市中自然形成的连接只出现在对比或互补的节点之间，只有这样它们之间的连接才是动态和活跃的，相异互补的节点之间会建立起多样性的联系，之后汇合成路径，与此相矛盾的是，相似的节点间建立的连接往往太过微弱以至于不足以建成路径。应用城市结构这一原理可以清晰地看出，城镇化之后秦岭北麓乡村空间发展的关键问题。在大西安范围内秦岭山地区和西安主城区，一个是关中地区的经济、社会、文化综合制高节点，一个是生态环境制高节点，这两个巨型节点之间存在着功能上的巨大差异，同时两者之间又强烈互补。随着消费、休闲经济的不断发展，这两个节点之间的差异性、互补性持续增大，相互之间的吸引力也与日俱增。在这种情况下，两个节点之间建立路径、进行连接绝对是最具活力、最活跃的互补连接。但是，从生态保护角度，和城市的未来发展来看，第 2 章的相关规划政策已经进行分析，大西安的发展规划一直严格控制甚至限制向南的建设发展，因此面对两个节点如此强大的吸引力，城市空间在布局上就特别需要刻意疏解、分散向南的道路建设，以弱化太过活跃的道路连接。否则，在巨大的吸引力驱动下，会加强西安市南部空间的扩张趋势，如果城市规划对这种扩张趋势缺乏及时应对的管理措施和控制手段，那么就会造成像之前第 5 章分析的秦岭北麓的混乱发展。扭转这一局面的办法就是再次应用城市结构原理：重新梳理、布局城乡引力格局，削弱过强的引力连接，扶持并培育弱小的引力连接。对于秦岭北麓的乡村来说，目前与城市的连接相对微弱，因此需要让乡村与城市形成一对对相异互补的连接，加强乡村对城市的吸引力。现阶段秦岭北麓的乡村仅靠开发少量农家乐和商业设施，用地性质仍然属于乡村住区或乡村居民点，因此从功能上讲与城市居住区并无互补关系。另外，虽然建筑与格局具有历史风貌，但是由于缺乏保护与传承意识，很多有特色的传统夯土建筑逐渐拆除，进而被现代建筑所代替，乡村特色逐渐削弱，因此秦岭北麓乡村自身对于城市居民来说明显没有足够的吸引力，这也是为什么秦岭北麓的生态环境和开发项目总是受到热捧，而乡村发展一直滞后的内在原因。所以，如果能在秦岭北麓乡村形成与城市之间具有鲜明互补关系的节点，建立城乡之间的有效联系，有助于缓解类似于秦岭野生动物园这类大型设施给山麓区带来的人流重压，使城市能量流均衡输入整体山麓带，有助于促进秦岭北麓乡村的发展，如图 7-3 所示。

3. 道路通而不畅避免直线连接

需要强调的是，乡村发展应始终纳入进城乡梳状发展格局中。在整体城乡梳状格局中，乡村吸引力处于梳状格局中吸引力最小的末端，如果过于强化就会本末倒置。因此，

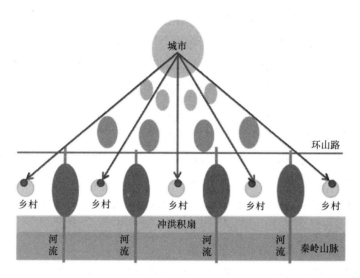

图 7-3　城乡梳状互补连接

通向乡村的道路除了必要的主要干道之外，就不应过于强调快速与效率并采用最短线直线连通，而应采取通而不畅的非直线连接。秦岭北麓一直是中国历史上的精神家园、艺术高地、隐逸文化的发源地，成熟于唐宋的中国山水画孕育于此，中国人深藏内心的山水田园梦更是萦绕于此，秦岭北麓不仅承担经济发展和生态保护的功能，更承载着千古情怀与民族精神。古人访山都是带着敬意从城内出发一步步向山前趋近，期间会经过闹市、郊区、乡村、田园、寺观、宅邸、行宫、别业、山林、河川等等，重重景观曲径通幽，最终来到气象万千、神秘壮阔的秦岭山下，内心也会随之汹涌激荡，诗意满怀。这样的意境需要从城市开始一直到山前空间逐步营造，多层梳状绿心格局正好有助于形成这样的多层次景观铺垫，更能体现出对秦岭的尊重与敬意，秦岭的价值因此凸显。所以，过于通达的城市干道和过于趋近的山前道路都会影响人的感官和体验。秦岭北麓作为秦岭形象的重要组成部分，环境营造十分关键，越趋近于秦岭北麓的道路越应该讲究视觉引导与意境营造。

7.1.2　产业发展适应性发展策略研究

在宏观景观格局的约束下，在上位规划的引导下，适应于秦岭北麓生态环境的产业发展主导方向主要为生态农林业、生态服务业和生态文化旅游业等生态经济产业。

1. 形成全产业链的生态农业

秦岭北麓生态资源丰富，文化底蕴深厚，具有悠久的农业发展历史。秦岭北麓土质肥沃，尤其是冲洪积扇的扇缘一带，坡度缓，地势低，地表径流丰富，地下水埋藏较浅，既可引水又可直接抽取地下水灌溉农田，长安县户县"地土虽不宽广，然多沃壤"。得天独厚的自然条件，使得明清时期秦岭北麓还有水田可以种水稻，这里的水应该都是来自扇缘带的泉水出露。文献显示，秦岭北麓的五县是关中地区水稻的集中产区，"稻则仅周至、户县、眉县、蓝田、长安等县产之"，"惟南乡地近终南，所辖有峪口五处，峪内山水流行，共开渠十九道，引水灌田三万六千余亩，土宜稻禾"，"南乡则山川环带，风俗淳古，渠水甚多，地宜糠稻。"可见，秦岭北麓曾经是关中地区最主要的粮食生产区，此处产出的优良品种"桂花球"大米，直至 20 世纪 90 年代仍然被当做西安地区不可多见的珍品。秦岭北麓还盛产药材，户县、周至、蓝田出产的药材数量可观，质量上乘。户县南山出产天麻、白芷、半夏、泽泻、地黄、苍术、野党等，阿姑泉所产紫苏尤佳，西安府出产药材较多的州县以地跨南山的户县、周至、蓝田最有名，其中户县仅乌药一项，光绪年间年产即达 70~80 万斤。蓝田县南山内出产的药材品种更多达数十种之多。"由陆路运至乾、凤、兴、汉、甘肃，水运至山西，每年销售五六十万斤，本境约销 20 万斤"。因此，秦岭北麓农业发展资源丰厚、历史悠久且文化深厚，在此基础上向现代农业转型发展将具有得天独厚的优势。

（1）现阶段秦岭北麓乡村农业发展问题

目前的秦岭北麓乡村农业用地，除了少部分留给农民进行自给自足式的农业生产，大部分都已被出租或征用成为规模化的农业园区。现代农业园区的建立已成为秦岭北部农业生产的主要发展方向之一。考虑到休闲和体验，这些农业园区将以农产品生产销售作为主要发展方向。但是，由于机械参照工业园区概念进行农场和水果种植园的标准化建设，导致其中的生活功能缺失、文化展示与交流沟通内容不足，并且将农业园区与农村和农民相互割裂，无法满足城市居民希望实现农业、农村和农民的"三农"融合的愿景。

其次，各农业园区差异性不足，千园一面，缺乏鲜明特色，缺少聚集人气和消费的吸引核。目前农业园区仅为农业生产园，观光、游览等参与性强的休闲娱乐功能不发达。同时，缺乏地方文化内涵和教育功能，互动性和体验性不强。由于农业园区没有与地方特色、文化资源有机结合，文化的灵魂作用和休闲旅游的载体作用未能充分发挥。缺乏文化灵魂的带动，就难以产生品牌效应。市场经济环境下，品牌意味着高附加值和竞争力，而当前影响农业园区生存和健康发展的不利因素存在的主要原因是品牌的缺失。第三，目前的农业产业链太短。不依托当地资源，不充分利用农林、水利景观资源和环境资源发展第三产业，缺乏与休闲、健康和旅游等相关的产业形式，不能促进农业、畜牧产品加工、仓储运输等形式的第二产业，难以形成满足游客吃饭、生活、旅游、娱乐、购买等相关的整体旅游服务需求。目前，刚刚起步的秦岭北麓农业园区除了存在上述短板之外，还存在基础设施建设比较滞后，在垃圾收集转运、污水处理、道路交通等方面还存在很大缺陷，缺乏集聚人口和产业的吸引能力等问题。

（2）形成全产业链的生态都市农业

都市农业是在城市化影响地区，依托农村景观、生态环境资源，结合农畜牧渔业生产与农业经营、农村文化和农村生活，为人们提供休闲旅游、休闲农业和乡村的体验。换句话说，都市农业是农业的"生活、生产和生态"功能和教育示范功能相结合的综合产业。借鉴都市农业的发展理念，秦岭北麓可以依托乡村景观资源和乡村文化，发展特色农村休闲旅游，建设生态农业、生态旅游，发扬乡村传统文化特色，形成可以留住乡愁、传承文明的生态都市农业，不仅可以满足城市居民和农村的全面融合，还能进一步带领城市的老龄、爱乡人口到农村置业、居住，养生、消费，并引领相关的服务业投资继续跟进。有助于促进城乡居民生活品质提升、农业生产水平提高和乡村社会服务水平的改善，促进生态文明建设。

同时找准契合点，对接秦岭北麓历史文化和民间文化产业，发展当地旅游文化资源，打造具有山麓区乡村氛围的农业文化旅游项目，创造都市农业旅游品牌项目，使游客感受到秦岭北麓乡村真正独特的文化魅力。同时，将适宜秦岭北麓发展的农林业相关产业进行全产业连接与循环。比如农业耕种的新、特、优农产品可直接进行商业销售，也可以为食品加工、手工工业提供原材料，同时农业耕种的场地与环境还能为文化旅游、休闲娱乐提供服务，并且农产品的生产本身也凝聚着技术与创新，可以进行科学研究与交流培训，产业链上的任意两个点都是相关互补，可连接循环的。

另外，依靠西安地区高技术人才、产业富集的区位优势，促进科技成果产业化转变，借助技术创新，发展新型、特色和品质优良的农产品，提高农业技术在实践过程中的应用效率，确保农产品的质量，提升经济效益；提高农民综合素质，促进劳动力知识与技能的提升，发展农业创新、创意产品；利用互联网和大数据分析，加快产业整合发展，重新建构农业产业链，从而提供更多优质农产品、更方便的销售渠道和更加完善的社会服务。

2. 发展林业与林下经济

秦岭北麓包含大面积冲洪积扇的扇顶区与扇中区，是水源补给的关键区域，加上梳状河道及流域区域，这些地区都需要进行严格的建设开发控制，尤其是扇顶区与河道两岸，不适合继续开展普通的农业种植业，需要进行退耕还林、还湿。对这一地区，林业经济的发展同时结合林下经济的发展是协调保护与避免冲突的最佳途径。

秦岭北麓具有天然的生态条件，可以大力发展林业产业与林下经济。秦岭北麓洪积扇的上部砾石较多，土壤多呈粗骨性，适宜果树生长，自古就果林密布。明清时期秦岭北麓就盛产板栗和柿子，主产地在长安县，"缘山柿栗，岁供租赋"。蓝田县主要种植杏树、桃树等，种植范围极广成为关中地区果品主要出产县。果蔬主要分布在县域北部，"绣岭春花"被称为蓝田县八景之一，指的就是这一片区域。周至县"果之最盛者，桃、杏、李、柿、胡桃、栗子、葡萄也。棋棋（俗名拐枣）、榛奈、木瓜、梨与安石榴，间有重至斤者，难久贮。重阳宫、楼观台之银杏，其树有三四围者；山葡萄，黑色，土人采以酿酒，味颇美，但未得制造良法，故较他省为逊"。秦岭北麓的户县特产为银杏果，同时还出产苹果、胡桃、石榴等其他果品，种类繁多。总之，秦岭北麓在历史时期就林业发达，果林种植面积广、种类繁多，是西安地区水果的主要产区。

因此，在秦岭北麓乡村大力发展林业将具有得天独厚的优势。与此同时，大力发展林业还具有重要的现实意义：首先，林业发展可以结合林下种植和养殖建立起内部循环生物链，不仅能促进生态系统的稳定，还可以增加林地生物多样性。同时还能改善土壤、增加土壤有机质，对林木的生长起到明显的改善作用，可以促进生态林区的发展，实现以耕代抚。其次，发展林业经济，以保护生态环境为基本原则，充分利用林下的空间进行种植养殖，既不会因为退耕还林牺牲农业用地，同时还能有利于形成可持续发展的绿色循环经济模式；再次，发展林业经济，采取林、粮、药、菜、禽、畜等复合运作模式，在林下发展农、牧等多种产业，充分发挥林木与其他经济生物的综合效益。可以有效解决林地种植结构单一，生长周期长，经济效益缓慢等问题，改善生态涵养区的产业结构，促进产业结构升级，从而发展成为一种与传统林业和现代农业并存的新林业经济业。最后，林下经济是一种高效经济和富民经济，发展林业经济可以实现经济发展的多元性，可以带动相关产业的发展与融合，如加工业、物流业、商业和服务业等，有效促进乡村产业转型和农民就业。同时，林业经济生产种类丰富的绿色生态、有机农产品，具有较高的品质和附加值，能够在满足城市人口消费需求的同时，增加农村人口的经济收入，促进农村社会和谐稳定。

3. 发展文化旅游创意产业

（1）旅游景观与农业发展相结合

发展旅游观光产业要与当地农业紧密结合，旅游开发应该与农业发展相辅相成，既能增加经济效益，还能促进农业发展。另外，可以从传统文化中寻找具有本地乡土特色的内容，增强游客的交互式体验感，使旅途成为留住乡愁、留住文化、传承中华文明的一个过程。充分挖掘祈福、丰收、庆祝等以农业生产、生活为主题的传统节日，通过对乐器演奏、戏曲表演、歌舞游行、服装道具的系统策划、包装设计，便于游客互动参与并体验劳动的快乐，以便进一步积聚人气，形成旅游品牌。

（2）配套建设商业街

配套建设商业街，商业街的规划应该与本地乡土特色相结合，突出商业贸易、休闲旅游、创业创意的功能。旅游商店的规划布局、门头设计都是提升景观功能的关键要素，如日本白川乡合掌村善于结合现代人追求的时尚，以植物花草为装饰元素，装饰家园、把村庄装扮得花团锦簇，观赏的人们总是在美丽的田野间、村庄旁、商店前拍照留影，令游客流连忘返。旅游商品的开发，也是旅游观光业的重要项目之一。目前，国内知名景点的旅游商品千篇一律，缺乏特色，难以激起旅游者的购买欲望。旅游商品应突出地方特色，以传统手工艺品为佳，尽量避免同质化。

（3）民居与民宿相结合

大城市的居民越来越多地倾向于远离都市喧嚣，享受"阡陌交通，鸡犬相闻"的恬淡农家生活。为迎合游客的居住需求，可以在保持建筑外形不变，保持原汁原味的乡土特色不变的基础上，对传统民居进行室内装修，配备现代生活用具，可在居室内保留一些民居家具、寝具，在庭院中放置一些传统农具和用具，民居还可以展示传统民居建筑的结构、材料以及建构方法，成为展现乡村传统农业生产和生活用具生动的博物馆。另外民宿还可以通过外环境设计与美化成为当地旅游业的一道风景，构成完整的乡村景观。

（4）与企业联合建立自然环境保护基地

现代都市人面临巨大压力，从内心深处渴望回归自然，亲近山水。可与当地具有影响力的企业联合建造自然环境保护基地。人们在这里亲近自然、审视生命，通过学习保护地球自然环境的知识，从中领悟生命，找寻新的动力源泉。也使得乡村旅游事业增添了一项知识性的教育内容。

7.2　中观尺度：太平峪峪口区乡村群落空间适应性发展模式研究

在宏观尺度城市—乡村空间适应性发展模式引导下，研究选取秦岭北麓的生态单元，即峪口区乡村群落空间进行中观尺度乡村空间适应性发展模式研究，探讨和深化在景观优化格局约束下，乡村群落空间的适应性发展模式。

7.2.1　乡村群落—乡村群落空间适应性发展模式

秦岭北麓的乡村被天然梳状河流自然划分，形成一个个乡村群落。为了耦合于景观优化格局，乡村群落不仅应该在空间层面上形成梳状格局，在功能与产业层面也需要进行适当分割，使乡村生产、生活空间耦合于梳状格局。因此，乡村群落的空间发展方向与空间发展规模都需要在耦合于空间发展边界的基础上进行明确引导；而在乡村群落内部需要进行功能与产业的优化与提升，以形成紧凑的乡村群落组织结构；另外乡村群落外部，即与其他乡村群落之间，需要进行功能与产业连接的弱化处理，避免形成集聚、规模化发展，突破生态边界。综上，形成中观尺度乡村群落—乡村群落空间适应性发展模式，如图 7-4 所示。

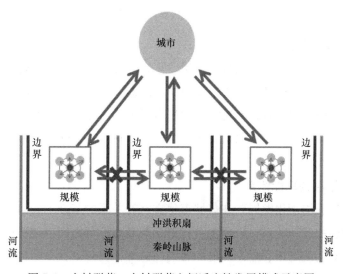

图 7-4　乡村群落—乡村群落空间适应性发展模式示意图

1. 耦合景观边界的空间引导

在峪口区景观优化格局确定基础上，需要对秦岭北麓的乡村发展进行空间管制，确定乡村发展的用地控制边界系统。因此，通过景观改变步骤对三种景观安全水平的识别，构建生态基础设施并进行乡村发展空间的三区划定：将河道两岸 100m 内、冲洪积扇扇顶区、扇中区的中上部、山麓区林地等低安全等级区域设为严禁建设区，将河道两岸 100～200m 内和冲洪积扇扇中区中下部等中安全等级区域设为控制建设区，将其他区域设为适宜建设区，明确乡村建设、生产用地的发展边界。在此基础上顺应城乡梳状格局吸引城市，支持和培育扇缘带和小水区的具有集聚潜力的乡村发展形成一定规模的对外接应点，比如旅游接待点、娱乐消费点等，或者是对外服务点，比如培训服务点、产业展示点等，主要以改变乡村现状主导的居住功能，使乡村本身成为城镇居民的外出目的地，成为与城市功能差异互补的节点，如图 7-5 所示。

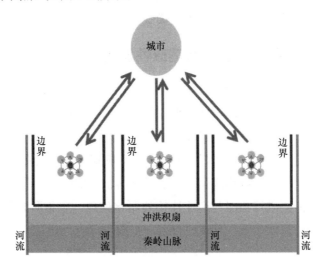

图 7-5 耦合景观边界的用地引导

2. 梳状格局引导交通

为实现各乡村群落的均衡、同步化发展，需要加强被梳状水系分隔开的各乡村群落与城市的交流与沟通，使乡村发展重心远离扇顶、河道等严禁建设区，向扇缘及适宜建设区引导。同时，为了确保城市对各乡村群落的机会平等，需要实现交通平等分配，即各乡村群落的可达性均等。另外，除了保留必要的道路，乡村群落之间应尽量减少横向交通的过度连接。

3. 形成集聚紧凑的职能体系

各乡村群落呈现均衡化发展，在与城市建立互补关系的基础上，各乡村群落之间相互独立，并形成较弱的互动关系，以避免乡村群落与乡村群落之间形成横向用地扩展和交通密集联系，导致对河流廊道、生态环境的影响与破坏。另外，在乡村群落内部则需要形成较为紧密的功能组织系统，群落内各乡村以集聚村为核心，形成功能和产业互补、衔接并循环的连接关系。只有功能连接越紧凑丰富，才能实现乡村群落空间的紧凑与活跃，如图 7-6所示。

4. 耦合景观边界的用地规模

在对乡村空间发展用地边界进行明确管控的基础上，还需考虑乡村各用地发展规模的生态适应性，也就是说优化乡村各用地规模的配比关系，使其在经济效益和生态效益上取得共同最大化，实现经济发展与生态保护的共赢与平衡。因此，根据峪口区景观优化格局确定的严禁建设区、控制建设区和适宜建设区的区域范围、区域面积和用地构成等内容，结合乡村现状土地利用格局，将生态效益与经济效益整合计算，优化各用地配比指标，以此推算乡村各用地适宜性发展规模和适应性人口规模范围，如图 7-7 所示。

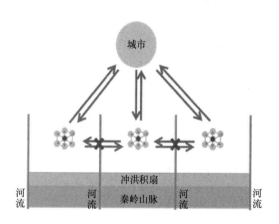

图 7-6　形成集聚紧凑的职能体系

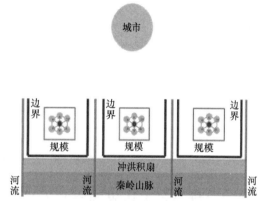

图 7-7　耦合景观边界的用地规模

7.2.2　太平峪峪口区乡村发展概况

中观尺度太平峪峪口区的研究范围对应于第 6 章尺度Ⅲ的研究范围，太平峪峪口区涉及乡村 23 个，除个别乡村外均属于户县草堂镇，如图 7-8 所示。农业是草堂镇的基础产业，峪口区的乡村主导产业是第一产业，以传统粮食生产为主，户太八号葡萄是其主要经济作物，但农业整体发展单一。草堂镇工业起步较早，并形成一定基础，2009 年高新区草堂科技产业基地落户草堂镇，使得第二产业产值急剧上升，目前峪口区的三府村、高力渠村和焦东村等大片用地已作为工业用地进行开发。在山麓带大面积开发工业园区有可能对生态造成破坏性影响。草堂镇自古就为京畿之地，文化积淀深厚，名胜古迹众多。随着外来游客增多，峪口区乡村农家乐、生态观光等产业发展越来越迅速，李家岩村现已经成为草堂镇重要游憩点，乡村第三产业逐渐增长。目前太平峪峪口区乡村存在的主要问题是，乡村空心化问题严重，青壮年因生计需要外出打工，孩子和老人留守家中，乡村发展缺乏劳动力；另外三个产业发展联系性薄弱，且发展分散，缺乏发展动力。

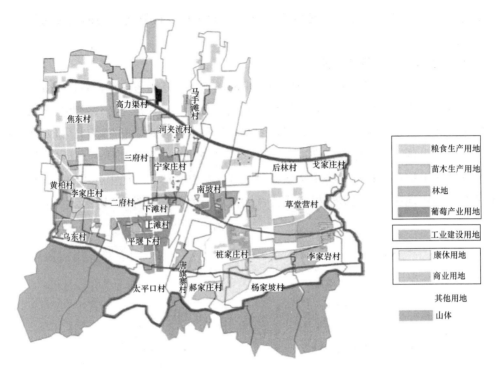

图 7-8　太平峪峪口区乡村现状图

7.2.3　耦合景观边界的空间引导

基于第 6 章尺度Ⅲ太平峪峪口区景观优化格局可以看出，太平峪峪口区适宜发展空间基本上集中于太平河两侧的扇缘区域。严禁建设区需退耕还林，人口应沿宏观梳状格局向控制建设区、适宜建设区和镇区迁移（图 7-9）。

基于景观格局的引导，根据太平峪峪口区乡村分布的不同区位，将各乡村归为不同发展类型，对于处在严禁建设区的乡村，由于其存在本身就对生态造成较大危害，或者容易

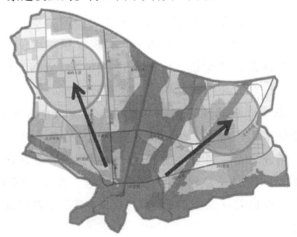

图 7-9　乡村沿梳状向适宜建设区迁移

遭受到较严重的生态灾害,因此将采取逐步搬迁的措施;对于处于控制建设区的乡村,由于其对周边生态环境会造成较大影响,因此不鼓励其进行扩张发展或产业提升,而是维持原有的传统农业生产,并随着城镇化的逐步推进,人口自然衰减,直至彻底城镇化;对于处在适宜建设区的乡村可进行保留并继续发展,在其中可以选出发展基础、发展潜力较强的乡村作为集聚村适度集聚发展。这一区域的乡村可以吸引严禁建设区和控制建设区的人口,但空间必须以紧凑模式布局,空间更多是采取产业升级的方式进行质的提升并尽量减少扩展;另外,对于具有历史积淀、文物古迹丰富的传统古村落也要采取保护的方式进行保留。因此,根据对中观峪口区现状乡村区位环境、发展条件和潜力等方面的研究,将峪口区乡村群落划分为集聚村、保留村、保护村、缩减村和搬迁村五种类型。其中集聚村:草堂营村、三府村;保留村:南坡村、宁家庄村、三府村、焦东村;保护村:乌东村;缩减村:平堰下村、唐旗寨村、上滩村、下滩村、杜家庄村、李家岩村;搬迁村:太平口村、杨家坡村、郝家庄村。

7.2.4　梳状格局引导交通

太平峪峪口区现状道路密集,并在峪口区集聚,由其西太公路直达峪口的太平口村,并与环山路直交,使得峪口区具有良好的交通可达性。图 7-10 为太平峪峪口区的道路轴线分析图,图左范围较大,图右附上了太平峪峪口区范围。从图中可以看出西太公路可达性最高,在其影响下,与西太公路相交的环山路段可达性也很高,因此从整体布局来看,现状太平峪峪口区最具发展潜力的核心用地将集中在太平峪峪口处,并沿西太公路形成发展带。但是这显然与太平峪的景观格局不相适应,发展的重心正好处于景观格局中的严禁建设区域。交通格局的发展引导应该顺应景观格局的限制,将发展的重心向适宜建设区引导,因此方案对道路格局进行了调整,弱化了道路向峪口处的引导,将重心向外牵引,远离严禁建设区和控制建设区。图 7-11 为太平峪峪口区在上位规划基础上对路网进行调整后的道路轴线分析图,图中可以看出可达性最高的路段已经转移到了新规划的道路上,基本都处于适宜建设区,而西太公路和环山路的可达性都有明显降低。

图 7-10　太平峪峪口区现状道路轴线分析图

图 7-11　太平峪峪口区调整后道路轴线分析图

7.2.5　形成集聚紧凑的职能体系

乡村分散发展难以形成完整的职能体系，尤其受到城镇化影响极易分解，更容易造成用地的发散与浪费，使得生态环境受到更大程度的破坏。因此乡村群落形成职能分工、各取所长，相互形成具有功能关联，产业上下游关系的体系化发展方式，有助于乡村产业的进一步提升，更有助于乡村群落的集聚与紧凑。太平峪峪口区乡村在太平河的分割下形成了两块用地单元，乡村也因此天然形成两组群落，一组是以三府村为集聚村的乡村群落，一组是以草堂营村为集聚村的乡村群落。两个乡村群落都以集聚村为核心，进行产业的上下游衔接，集聚村可进行一、二、三产业复合式综合、升级发展，其他各乡村根据区位条件、发展基础，以种植、加工等一、二产业为主进行复合式发展，并确定各乡村相应的职能定位，确保形成紧凑集聚的职能体系。同时三府村乡村群落与草堂营村乡村群落中的乡村尽量避免形成功能互补关联或产业上下游衔接，以免相互抱团突破生态边界。

7.2.6　耦合景观边界的用地规模

根据尺度Ⅲ景观格局导则的规定可以看出，基本上禁建区范围内和部分限建区为了更有利于水源的涵养和水土保持，需要进行退耕还林，增加冲洪积扇的下渗率并防止水土流失，因此峪口区未来将实行农业、林业和第三产业的综合发展，为了让生态保护与经济发展均能取得最大效益，需要将生态效益与经济效益共同计算。本书采用系统动力学中的多目标规划模型进行生态效益与经济效益的多目标比对研究，探索双方利益的共同最大化，寻求目前发展阶段与发展现状在景观格局的约束下，整合经济发展与生态保护于一体的太平峪峪口区生态适应性土地利用优化格局，在此基础上研究并确定太平峪峪口区乡村适应性发展规模。

1. 用地规模的多目标利益最大化

多目标规划是数学规划的分支，又称多目标最优化，是寻求多目标函数在给定区域的最优化。在城乡规划学科中，多目标规划模型可以基于客观规律和数据进行土地利用的优化配置和预测，有助于提高土地利用规划的可操作性和科学性。本书多目标规划模型关注的是在一系列客观或主观约束条件下，使关注的某个或多个指标达到最大（或最小）时的决策。因此，研究将以太平峪峪口区为研究对象，研究峪口区土地利用的配置在经济效益、生态效益上分别取得最大化和共同取得最大化的各用地配比关系，并进行比较分析，最终确定能使生态与经济平衡发展的用地指标，以此来反推太平峪峪口区人口及发展规模。

多目标规划模型主要包含三个要素：① 决策变量（Decision Variable），通常是问题要求解的未知量，在本书中就是太平峪峪口区各类型用地适宜的配比面积；② 目标函数（Objective Function），通常是问题要优化的目标的数学表达式，是决策变量的函数。本书中目标函数定位三个，一是以经济效益最大化为目标的函数，对应式（7-1），二是以生态效益最大化为目标的函数，对应式（7-2）。由于太平峪峪口区以水源涵养为主要生态服务功能，因此本书额外增加了第三个函数，研究在生态效益中以水源涵养的效益最大化为目标的函数，对应式（7-3）；③约束条件（Constraints），由问题对决策变量的限制条件给出，即决策变量允许取值的范围，称为可行域（Feasible Region），常用一组关于决策变量的等式或不等式来界定，对应式（7-4）。在本书中各约束条件的取值范围将在具体的函数计算中进行说明。

$$f_1(x) = \max \sum_{i=1}^{n} c_i x_i \tag{7-1}$$

$$f_2(x) = \max \sum_{i=1}^{n} d_i x_i \tag{7-2}$$

$$f_3(x) = \max \sum_{i=1}^{n} e_i x_i \tag{7-3}$$

$$s.t. = \begin{cases} \sum_{i=1}^{n} a_{ji} x_i = (\geqslant, \leqslant) b_i, \ (j = 1, 2, \cdots, m) \\ x_i \geqslant 0, \ (i = 1, 2, \cdots, n) \end{cases} \tag{7-4}$$

式中：$f_1(x)$、$f_2(x)$、$f_3(x)$ 分别表示经济效益、生态效益和水源涵养效益；x_i 为决策变量，为各类用地单位面积的经济产出系数；e_i 为各类用地单位面积的生态产出系数；$s.t.$ 代表约束条件；a_{ji} 代表第 j 个约束条件中第 i 个变量对应的系数；b_i 为具体的约束条件值。

决策变量在本书中为各土地利用类型的具体面积，因此根据秦岭北麓太平峪峪口区的土地利用情况，提取出现有的土地利用类型一共 11 种，分别是：耕地、园地、林地、其他农用地、城镇工矿用地、村庄用地、风景名胜及特殊用地、交通水利用地、水域、滩涂沼泽和未利用地。将 11 种用地设置为变量进行编号并进行计算，各类用地面积根据土地利用图计算得出，具体面积如表 7-1 所示。

各土地利用类型面积表　　　　　　　　　　　表 7-1

用地类型	面积（hm²）	用地类型	面积（hm²）
x_1 耕地	870.53	x_7 风景名胜及特殊用地	12.57
x_2 园地	130.42	x_8 交通水利用地	96.52
x_3 林地	228.31	x_9 水域	33.11
x_4 其他农用地	1.26	x_{10} 滩涂沼泽	98.63
x_5 城镇工矿用地	540.66	x_{11} 未利用地	21.02
x_6 村庄用地	220.76	总面积	2253.79

（1）经济效益计算说明

运用式（7-5）进行经济效益最大化计算，目的是优化各种类型土地面积分配，以最大限度地提高总体经济价值。

$$f_1(x) = \max \sum_{i=1}^{n} c_i x_i \qquad (7\text{-}5)$$

式中：$f_1(x)$ 为太平峪峪口区域土地利用经济总产出；x_i 是第 i 类土地利用类型的面积，可直接将表 7-1 的数值代入；c_i 为第 i 类土地利用类型单位面积经济产出系数。各用地系数采取估算法：太平峪峪口区耕地的产出系数，根据户县统计年鉴的显示数据进行计算。为了取值较为平衡，采取近三年农业增加值的平均值，计算结果为 206072 万元，户县三年来耕地面积的平均值为 65970hm²。两者相除计算得出户县耕地产值为 3.12 万元/hm²。《户县 2015 年国民经济和社会发展计划执行情况与 2016 年国民经济和社会发展计划》中显示户县全县建成果园面积约 8.2 万亩，产量 9.6 万 t，产值 6 亿元。以此可以估算出园地产值为 10.98 万元/hm²。由于户县大部分林地都处在 25°坡脚线以上，属于生态保护用地，林业、林下经济并未开发，因此用统计年鉴计算出来的产出值过低，不符合一般林业用地的实际情况。另外，未来山麓区退耕还林的林业用地是可以适度发展经济的，因此林业用地的产出值根据谢高地等人对生态当量的研究，利用其中林业用地生态服务价值中的生产系数部分进行计算，计算结果为 0.74 万元/hm²。其他农业用地产出效益很难与农业用地分开，因此取相同的值 3.12 万元/hm²。城镇工矿用地，按户县第二、第三产业产值与面积比进行计算，结果为 512 万元/hm²，交通水利用地也取同样的值。风景名胜及特殊用地根据近年来主要景点的年均门票收入与面积比进行计算，为 6.19 万元/hm²。村庄用地按户县农林牧副渔的服务业产值与村庄用地比进行计算，结果为 5.89 万元/hm²。水域与滩涂沼泽用地还是采用林地的计算方法，分别得出 2.26 万元/hm² 和 4.44 万元/hm²。未利用地的产出为 0。各系数汇总如表 7-2 所示，将其代入式（7-1）中进行计算。

各土地利用类型产出系数表　　　　表 7-2

用地类型	产出系数（万元/hm²·年）	用地类型	产出系数（万元/hm²·年）
x_1 耕地	3.12	x_7 风景名胜及特殊用地	6.19
x_2 园地	10.98	x_8 交通水利用地	512
x_3 林地	0.74	x_9 水域	2.26
x_4 其他农用地	3.12	x_{10} 滩涂沼泽	4.44
x_5 城镇工矿用地	512	x_{11} 未利用地	0
x_6 村庄用地	5.89		

（2）生态效益计算说明

运用式（7-6）进行生态效益最大化计算，目的是指通过对优化各种类型土地面积使得各类用地的生态系统服务功能的价值总和最大化。

$$f_2(x) = \max \sum_{i=1}^{n} d_i x_i \qquad (7\text{-}6)$$

式中：$f_2(x)$ 为各类用地生态系统服务功能的价值总和；x_i 是第 i 类土地利用类型的面积，可直接将表 7-1 的数值代入；d_i 为第 i 类土地利用类型单位面积生态系统服务功能的价值。生态系统服务功能价值的计算需要根据谢高地等人对中国陆地生态系统单位面积生态服务价值的评估数据进行计算，太平峪峪口区各类用地单位面积的生态服务价值当量，如表 7-3 所示。同时，计算时还需考虑各地生物量与全国平均生物量的差异，因此，计算中还需加入修正系数。考虑到秦岭北麓的生物量和生态价值，经过估算修正系数取值 10.5。谢高地等将单位面积农田生态系统粮食生产的净利润当作 1 个标准生态系统服务价值当量因子的价值量。经调查，国务院发展研究中心农业规模经济发展课题组 2013 年开展全国范围农业调查，得出样本农户亩均利润 516 元，换算单位后可以得出 2013 年一个标准生态系统生态服务价值当量因子经济价值量的值为 7740 元/hm²，将其与各类用地的生态服务价值当量相乘便得出各类用地的生态服务价值，并代入式（7-2）中进行计算。

各土地利用类型生态服务价值表　　　　表 7-3

用地类型	生态服务价值当量	生态服务价值（万元）
x_1 耕地	2.7	2.09
x_2 园地	13.91	10.77
x_3 林地	20.94	16.21
x_4 其他农用地	2.7	2.09
x_5 城镇工矿用地	0.46	0.36
x_6 村庄用地	1.6	1.24
x_7 风景名胜及特殊用地	1.83	1.42
x_8 交通水利用地	0.46	0.36
x_9 水域	122.69	94.96
x_{10} 滩涂沼泽	46.28	35.82
x_{11} 未利用地	0.19	0.15

（3）水源涵养函数计算说明

水源涵养函数计算目标是指各类用地的生态系统服务功能中水源涵养的价值总和最大化（表7-4）。

$$f_3(x) = \max \sum_{i=1}^{n} e_i x_i \qquad (7-7)$$

式中：$f_3(x)$ 为各类土地利用类型水源涵养功能价值总和；x_i 是第 i 类土地利用类型的面积，可直接将表7-1的数值代入；e_i 为第 i 类土地利用类型的单位面积水源涵养功能的价值。计算方法同上，1个标准生态系统生服务价值当量因子的价值量也同为 7740 元/hm^2，将其与各类用地的生态系统水源涵养价值当量相乘便得出各类用地的生态系统水源涵养价值，最后其带入式（7-3）中进行计算。

各土地利用类型水源涵养价值表　　　　　　　　　　表 7-4

用地类型	水源涵养价值当量	水源涵养价值（万元）
x_1 耕地	0.29	0.22
x_2 园地	3.57	2.76
x_3 林地	5.08	3.93
x_4 其他农用地	0.29	0.22
x_5 城镇工矿用地	0.05	0.04
x_6 村庄用地	0.87	0.67
x_7 风景名胜及特殊用地	0.21	0.16
x_8 交通水利用地	0.05	0.04
x_9 水域	110.53	85.55
x_{10} 滩涂沼泽	26.82	20.76
x_{11} 未利用地	0.03	0.02

（4）约束条件

多目标规划模型的约束条件对模拟结果有很大影响，本书约束条件主要参照相关国家标准以及《户县总体规划》《草堂镇总体规划》等上位规划的相关政策和规定，同时根据第6章最终三区划定的三种不同用地控制范围及面积（严禁建设区面积 796.74hm^2，控制建设区面积 809.24hm^2，适宜建设区面积 647.81hm^2），并结合太平峪峪口区发展现状，研究并确定了太平峪峪口区土地利用结构优化的约束条件集，如表7-5所示，其中各约束范围都是采取各用地可能变化的最大范围。图7-12显示的是经济效益、生态效益（生态效益与水源涵养效益加权平均）与三者总效益的柱状对比图。

太平峪峪口区土地利用结构优化的约束条件集　　　　　　　　　表 7-5

	约束因素	约束表达式	约束条件解释
总量约束	土地面积	$x_1 + x_2 + x_3 + x_4 + \cdots$ $+ x_{11} =$ 土地总面积	土地总面积不变

续表

	约束因素	约束表达式	约束条件解释
生产约束	农业生产用地面积	$x_1+x_2+x_3+x_4\geqslant$现状值	农业生产用地面积保持不变，考虑到严禁建设区部分耕地退耕还林，城镇化农业人口减少等因素，根据预估不能少于现状值的60%
	耕地面积	现状值$\geqslant x_1\geqslant$现状值$\times0.6$	
生态约束	生产林地与林地面积	$x_2+x_3\geqslant$严禁建设区面积	保障严禁建设区域内主要为林地和生产果林，其中林地占70%以上
	林地面积	$x_3\geqslant$严禁建设区面积$\times0.7$	
	水域面积	$x_9\geqslant$现状值	扩大水域有利于水源涵养
	滩涂沼泽	$x_{10}\geqslant$现状值$\times0.8$	湿地有利于水源涵养
	建设用地	$x_5+x_6+x_7+x_8\leqslant$适宜建设区面积$\times$0.7+控制建设区面积$\times0.5$	适宜建设区面积$\times$0.7+控制建设区面积$\times$0.5作为可建设用地的最大面积
发展预测	其他农业用地	$x_4\geqslant$现状值	农业发展需求
	建设用地	$x_5\geqslant$现状值$\times0.9$	城镇化发展趋势，除去10%左右的违章建设
	村庄用地	现状值$\times0.6\leqslant x_6\leqslant$现状值	城镇化发展趋势，考虑搬迁村和缩减村的缩减量最大约40%
	风景名胜及特殊用地	$x_7\geqslant$现状值	城镇化发展需求
	交通水利用地	现状值$\leqslant x_8\leqslant$城镇工矿用地$\times0.5$	城镇化发展需求
非负约束		x_1，x_2，…，$x_{11}\geqslant0$	

（5）多方案结果比较

多目标规划模型的运算考虑到各种现实情况的限制，因此个别指标在最大范围内设置了多种范围进行运算，尝试不同配置可能。另外运算中可以对三个函数的重要性设定不同的权重，因此最终筛选出为三个目标总效益最大值由大到小的9个方案，如表7-6所示。图7-12显示的是经济效益、生态效益（生态效益与水源涵养效益加权平均）与三者总效益的柱状对比图。可以明显看出来，随着经济效益的逐渐增大，生态效益整体呈现下降的趋势。耕地由于产出效益与生态效益相对都比较低，因此各方案运算结果基本都是耕地的最低限，园地产出效益与生态效益相对都比较高，所以在各方案中的面积都有提升。林地由于产出效益比较低因此在约束条件中作了明确的最低面积限制，因此在经济主导的方案中保证了底线，但是在生态主导的方案中面积有所提升，可见其对生态效益贡献较大。由于城镇工矿用地产出效益突出，因而在约束条件中进行了明确限制，但是在经济主导的方案中还是有较大的提升，占用不少林地和园地，但是在生态主导的方案中明显下降。村庄产出效益和生态效益都比较低，故在各方案中基本处于约束的底线。水域由于其较高的生态效益，在生态主导的方案中都有所提升。

太平峪峪口区土地利用格局优化多方案比较　　表 7-6

用地类型	方案 1	方案 2	方案 3	方案 4	方案 5	方案 6	方案 7	方案 8	方案 9
x_1 耕地（hm²）	608.11	558.22	558.22	558.22	558.22	558.22	559.48	559.48	559.48
x_2 园地（hm²）	116.49	239.02	239.02	239.02	193.52	42.92	239.02	239.02	0
x_3 林地（hm²）	557.72	557.72	557.72	557.72	603.22	753.82	557.72	557.72	796.74
x_4 其他农用地（hm²）	1.26	1.26	1.26	1.26	1.26	1.26	1.26	1.26	1.26
x_5 城镇工矿用地（hm²）	604.43	560.73	540.66	540.66	540.66	540.66	530.53	486.60	486.60
x_6 村庄用地（hm²）	144.68	115.74	115.74	115.74	115.74	115.74	144.68	144.68	144.68
x_7 风景名胜及特殊用地（hm²）	12.57	12.57	12.57	12.57	12.57	12.57	12.57	12.57	12.57
x_8 交通水利用地（hm²）	96.52	96.52	116.59	96.52	96.52	96.52	96.52	96.52	96.52
x_9 水域（hm²）	33.11	33.11	33.11	53.18	53.18	53.18	33.11	77.04	77.04
x_{10} 滩涂沼泽（hm²）	78.90	78.90	78.90	78.90	78.90	78.90	78.90	78.90	78.90
x_{11} 未利用地（hm²）	0	0	0	0	0	0	0	0	0
经济效益（万元）	363834.53	342479.39	342479.40	332248.90	331783.00	330240.80	327191.40	304798.50	302350.90
生态效益（万元）	196772.20	208415.70	208341.90	228130.00	230728.90	239331.20	208467.20	251618.50	265271.50
水源涵养效益（万元）	76919.64	80078.25	80069.85	98073.05	98632.38	100482.20	80234.07	119621.60	122557.90
总效益（万元）	637526.40	630973.30	630891.20	658452.00	661144.30	670054.20	615892.70	676038.60	690180.30

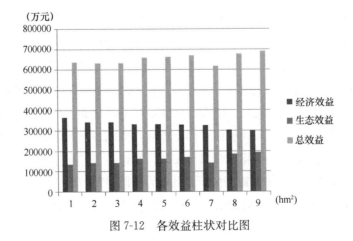

图 7-12　各效益柱状对比图

综上可以看出，九个方案中方案 1 与方案 9 的发展方式比较极端，也不具备现实可操作性，其中方案 5 是生态与经济发展相对比较平衡的方案。与现实相结合，方案 2 和方案 8 的配比方式分别代表了偏重经济主导和偏重生态主导方案中可以最大程度接受的方案，因此，以此为参照并与现状进行对比研究可以确定太平峪峪口区土地利用格局的优化调整范围，如表 7-7 所示。耕地与村庄都将逐渐缩减，这是城镇化发展的总体趋势，减少的耕地补充了林地和园地，这满足生态环境的保护需求，园地的增加还可以提升经济收益。城镇工矿用地若考虑到经济的发展还可以有少量的扩张，但是随着生态保护意识的逐渐加强，城镇用地更需要在质上进行提升，远期总量还是需要缩减。为了更好地涵养水源，优化生态环境，远期水域还可以适当增加。

太平峪峪口区土地利用格局优化范围值　　　　　　　表 7-7

用地类型	面积 (hm²)	生态最优 (hm²)	优化范围 (hm²)	经济最优 (hm²)	优化范围 (hm²)
x_1 耕地	870.53	559.48	−311.05	558.22	−312.31
x_2 园地	130.42	239.02	108.6	239.02	108.6
x_3 林地	228.31	557.72	329.41	557.72	329.41
x_4 其他农用地	1.26	1.26	0	1.26	0
x_5 城镇工矿用地	540.66	486.6	54.06	560.73	20.07
x_6 村庄用地	220.76	144.68	−76.08	115.74	−105.02
x_7 风景名胜及特殊用地	12.57	12.57	0	12.57	0
x_8 交通水利用地	96.52	96.52	0	96.52	0
x_9 水域	33.11	77.04	43.93	33.11	0
x_{10} 滩涂沼泽	98.63	78.9	−19.73	78.9	−19.73
x_{11} 未利用地	21.02	0	−21.02	0	−21.02

2. 人口规模的用地反推

根据太平峪峪口区土地利用优化格局，可以得出太平峪峪口区乡村生态适应性发展用地规模，在发展用地规模基础上可以反推乡村人口规模。太平峪峪口区第一产业生产用地主要有：耕地 559.48hm²，园地 239.02hm²、林地 557.72hm²、其他农用地 1.26hm²。根据现场调研和数据收集，劳动力人均耕地面积为 8～10 亩，人均园地面积为 3～5 亩，人均林地面积为 3～5 亩，因此可以推算出所需劳动力分别为 839～1050 人、717～1195 人和 1673～2789 人，总计劳动人口 3229～5034 人，按照劳动人口与被抚养人口的比例关系（7：3），得出人口规模为 4613～7191 人。太平峪峪口区的第二产业用地是高新草堂工业园区，由于其是综合独立园区，且对从业人员要求较高，因此对乡村人口的吸纳有限，从现状调研来看，乡村人口主要从事后勤服务等第三产业，因此乡村在工业区的从业人员按工业区服务人口计算比较合适。目前太平峪峪口区的工业用地面积为 197.62hm²，按照工业区 3000 人/km² 计算，工业人口为 5929 人，参考工业区服务人口与就业人口 1：2 的比例，服务人口为 2964 人。太平峪峪口区三产游憩用地主要为草堂寺等遗址景点、高尔夫球场等康体用地，另外滩涂沼泽用地未来拟开发为湿地公园，园地与林地面积的 10% 将作为农业观光园。根据《公园设计规范》和国内外相关游客容量计算研究，最终确定太平峪峪口区各游憩用地的生态适应性人均用地指标，以此确定游客总容量。通常服务人口与游憩人口比值为 1：5，因此服务人口为 1506 人，如表 7-8 所示。按照劳动人口与被抚养人口的比例关系（7：3），将二产与三产的服务人口带入计算，总人口为 6386 人。综上叠加，三产的总人口为 10999～13579 人。

太平峪峪口区旅游从业人口预测　　　　　表 7-8

游憩分类	面积（m²）	人均用地（m²/人）	游憩人口（人）	服务人口（人）
遗址景点	134358	30	4479	896
康体用地	818532	2500	327	66
湿地公园	789000	500	1578	316
农林观光园	796740	700	1138	228
总计	2538630	—	7522	1506

土地利用优化格局计算出的村庄用地的合理范围是 115.74～144.68hm²，根据《村镇规划标准》和现状用地指标，按照人均建设用地 100～120m² 进行反推，因此可以计算得出乡村可容纳的合理人口规模为 9645～14468 人。综合以上两种反推结果，太平峪峪口区乡村人口的生态适应性规模为 10999～13579 人。目前太平峪峪口区乡村现状总人口根据统计年鉴计算为 12057 人，已经突破合理规模的下限，也就是说目前太平峪峪口区乡村人口从生态适应性的角度来看已经趋于饱和，需要适度控制规模。

7.2.7　产业发展生态适应性方向研究

由于未来太平峪峪口区乡村适宜发展用地主要为耕地、林地与园地，园地也将以果林种植为主，因此太平峪峪口区乡村适合将农业、林业与农林观光相结合，发展复合式的农林产业模式。

1. 产业适应性发展方向

（1）林业与农业种植相结合

林下种植是被广泛应用的农林结合的主要生产方式，包括林粮、林茶间作、林药复合种植、林苗复合种植、林菌复合种植等几种类型。在关中地区，林粮间作是被应用较多的传统模式。一般是在林间套种小麦、玉米等作物，利用光能和土地资源，而林木根系较深，能吸收土壤深层粮食作物无法吸收利用的肥料，这样有利于充分发挥地力效能，还能减少化肥对地下水的污染。秦岭山区还有在林下培植蕨菜、香椿、香菇等作物的经验，因此秦岭北麓除了林粮间作之外还可以推广林菌复合种植。据了解，林菌复合种植生长周期短，从一个半月到三个月不等。秦岭北麓历史上是板栗的主要出产地，种植历史悠久，目前还分布有大面积的板栗林。可以尝试在板栗林下，利用板栗树的废枝、栗苞等废弃物培育蘑菌棒并进行种植。这种方式在秦岭山地比较多见，已经成为当地特色产业。另外秦岭北麓适宜生长各种中药材如杜仲、天麻等，也可以利用林下空间进行推广。

（2）林业与养殖业相结合

城市对绿色无污染的肉禽蛋类食品的需求量巨大，林下养殖不仅可以充分利用林下空间，还可以利用林下生长的昆虫、杂草等资源养殖畜禽，如鸡、鸭、鹅、猪、羊等。这种结合林下空间的养殖方式具有多赢效果，具体表现为：首先，林下广阔的空间和丰富的食物资源，为禽畜提供优越的生活环境，禽畜食用虫草能有效减少林木病虫害和杂草；其次，畜禽粪便可以提高土壤肥力，畜禽类产生的大量二氧化碳还可以增强光合作用，促进树木的生长。柞水县的"陕南矮马"就是在牛背梁地区的森林中饲养的，因此还形成了当地的特色产业。林下还可以养殖大鲵，宁陕县林下养鲵形成产业，年产值近 2000 万元，经济效益显著。

（3）林下空间复合利用

林下休闲、林下旅游是常见的森林空间利用方式。秦岭北麓现已建成秦岭风光旅游带，形成了全国驰名的森林公园群。因此可以充分利用秦岭北麓的森林资源、生态自然条件，在林区内发展户外旅游及游憩活动。以森林旅游为主的农家乐也可以借此实现跨越式发展，只要加以科学的规划、管理和引导，这些开发和利用对于延伸林业产业链，增加林区林农收入都大有裨益。

近几年，随着城市对于绿化面积和绿化品质的需求增长，加之林业培植技术的发展，种苗与花卉行业市场需求量大，成本和技术门槛降低，前景看好，行业发展逐步提升。白皮松苗木培育就是秦岭北麓蓝田县的主要产业，年产值 1 亿元左右，林农人均增收约 3000 元。据调查，陕西省年生产各类苗木 15 亿余棵，花卉种植面积约 3000hm²，年产值近 8 亿元。

2. 产业适应性发展结构

由于太平峪峪口区生态脆弱、敏感，应禁止发展重污染产业和劳动密集型产业，尽可能地发展无污染、绿色、低碳产业，避免空间大规模集聚扩张和频繁的对外交通，以便实现天然生态要素分割下的适宜建设区内的自给自足。故此，太平峪峪口区应以现有乡村现状为基础，以一产和三产为主，重点发展低碳、绿色的有机农业、手工业、小型加工业、文化旅游和创意产业。人口发展以消化自身富余劳动力为主，近期保持不变，远期逐渐减少。综上，太平峪峪口区乡村可形成三大板块进行产业体系构建，其中：

板块一：现代农林业，是太平峪峪口区乡村的主导产业，也是产业升级发展的主导方向。具体包括两个方面，一方面，发展观光休闲农业。针对城市人群较为强烈的农林业体验需求，在控制建设区和适宜建设区内，结合草堂营村等集聚村、保留村，发展以休闲体验为特色的农林观光园，包括采摘园、观光花田等；另一方面，发展现代设施农业。依托现有的农林业园区，重点发展户太八号葡萄、冰葡萄等特色浆果种植；发展观赏苗木种植、有机作物、蔬菜生产等现代设施农业。通过土地流转，在严禁建设区，尤其是扇顶区退耕还林，转型为核桃林、板栗林等经济果林种植，并适度发展林下复合型经济，开展多元化的经营模式。

板块二：旅游产业，是太平峪峪口区乡村主导产业，现代农林业发展的延伸。可依托太平国家森林公园等自然景观、草堂寺等历史文化古迹和遗址、秦岭高尔夫球场等康体设施发展包括观光游憩、住宿餐饮、娱乐休闲、购物商贸、文化体验等方面的旅游相关产业。

板块三：文化创意复合产业，即将文化创意渗透进一产、二产和三产各行各业，主要结合太平峪峪口区的地域特色和历史文化，发展特色农业、特色旅居、特色商业、特色加工业和特色教育等方面。特色旅居即将文化创意与旅游产业相结合，发展特色体验项目，创意纪念品生产，手工业工坊。结合乡村前店后宅等特色民居形式，利用天时地利，营造出最天然的居住环境，搭配齐全的功能配套，进一步发展旅游度假地产。特色教育产业主要依托国家地理标志产品户太八号葡萄的种植基地，发展技术研究、培训交流等产业。

7.3 微观尺度：太平峪峪口区乡村个体空间适应性发展模式研究

7.3.1 乡村个体空间适应性发展模式

在中观尺度峪口区乡村群落适应性发展模式研究基础上，乡村个体的适应性发展还需进行深入研究，尤其针对乡村群落中的集聚村，更需要对其发展空间进行引导，将未来的发展重心与适宜建设区相耦合；同时为了避免其进行用地扩张，因此采取全产业混合关联，在产业提升发展的同时促进其紧凑集聚式发展；另外进行小尺度高密度功能混合能够有效提升集聚村的吸引力，以此吸引城市，同时吸纳一部分周边乡村的转移劳动力；最后，空间形态延续秦岭北麓传统乡村空间适应性布局规律，有效地与山麓区生态环境融合。综上，形成微观尺度乡村个体空间适应性发展模式，如图 7-13 所示。

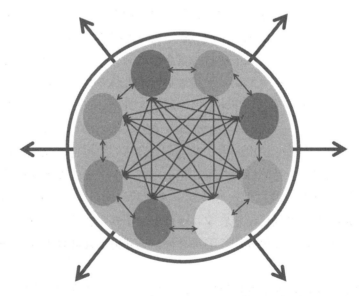

图 7-13　乡村个体空间适应性发展模式示意图

1. 发展重心耦合适宜建设区

乡村个体的发展依然需要耦合于景观优化格局，尤其对于可以进行适当集聚发展的集聚村，需要将发展重心迁移至具有较大扩展空间的适宜建设区，相应的功能组织与交通布局方式也应当起到引导和促进作用。

2. 全产业混合关联促进乡村凝聚

以生态为基底，发展适应性产业并丰富其种类，强化本地产业与功能的互补关联，形成关系密切的全产业混合连接模式。关联度越强，内在的联系越紧密，乡村的自生能力越强，空间也随之紧凑集聚，使得乡村在空间规模不再扩张的基础上实现升级发展。

3. 小尺度高密度功能混合提升吸引力

乡村个体空间形态需要保持传统村庄的小尺度紧凑形态，不仅传承传统乡村的形态肌理与文脉、风貌，维护亲切宜人的空间尺度，还可以促进步行交通的发展，增强街道活力。乡村个体的对外服务、接应点的功能组成需与地域资源相结合，形成具有自身特色的差异化发展。在同样面积的用地里，功能数量越多，单位面积越小，用地越具有活力。提升混合度，实行小尺度高度混合的功能布局可以配合全产业混合关联模式，会有效地提升乡村吸引力。

4. 具有生态适应性的空间形态

乡村个体空间形态在山麓区特殊地质形态以及气候环境影响下，需要采取相应的生态适应性空间布局形态。因此，参照第 4 章研究的相关内容，采取相应的布局方式可以有效的适应秦岭北麓的气候条件、地形地貌与资源环境特征。

7.3.2　乡村个体研究对象概况介绍

1. 研究对象选取说明

由于太平峪峪口区生态保护的原因，严禁建设区的乡村需要逐渐向外搬迁；控制建设区的大部分乡村也需要在空间上进行缩减，产业也不适合升级，并鼓励人员外迁；只有适宜建设区的保留村和集聚村可以适度发展，尤其是集聚村，在空间不能大幅度扩张的情况下进行发展，并且具有吸纳搬迁村和缩减村人员的能力，所以需要对空间布局、空间形态和产业结构进行综合的研究。如果要实现指状结构末端紧凑的乡村空间组团，集聚村的发展就是关键。在太平峪峪口区由太平河天然分割开的三府村乡村组团和草堂营村乡村组团中，由于三府村组团中的大部分乡村已经被纳入高新草堂科技工业园，研究的现实意义不大，因此，微观尺度选择草堂营村乡村组团中的集聚村草堂营村为研究案例进行研究。

2. 草堂营村概况介绍

（1）区位概况

草堂营村（图 7-14）位于陕西省西安市户县草堂镇东南。草堂营村交通区位优势凸

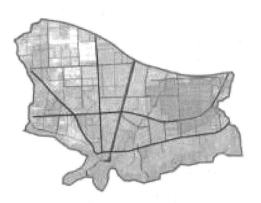

图 7-14　草堂营村区位图

显，南接环山路，西邻西太一级公路。内部有南一街、南二街、南三街、中心街、北一街、北二街六条横向街道。草堂营村旅游资源丰富，地处秦岭北麓，圭峰山脚下太平峪峪口冲洪积扇的扇缘区，东临太平河，北滨紫沟河，南有与村庄仅一路之隔的古刹草堂寺，西南有埋葬玄奘法师遗骨的敬德塔（图7-15）。

图7-15　草堂营村现状图

（2）历史沿革

南北朝时期，后秦皇帝姚苌为弘扬佛法，请来高僧鸠摩罗什，修建了草堂寺，同时为自己在寺旁修建行宫，名为逍遥宫，宫外设有围场专门用来打猎。后秦短命而亡，草堂寺依在，围场草地被后世者拓荒而居，形成村落。明《鄠县志》载：唐高祖李渊于武德九年（公元626年）避暑于太平宫，禁军在此守卫，得名宫廷营。明万历十九年（公元1591年）草堂寺铁钟铭亦记为宫廷营村。又有一说法认为此地为唐时兵营。唐高祖李渊为次子李世民疗目疾来草堂寺求佛保佑时在此驻扎兵营，且村民多姓李，草堂营村因此得名。

（3）社会经济概况

草堂营村总人口2318人，总面积约16000m²，下辖村民小组十三个，分南什、北什、新庄三个区域。草堂营村农业生产条件优越，主要农产品有洋葱、球芽甘蓝、酸橙、苦瓜、绿苹果、芜菁、葡萄柚、山药等。主要有葡萄研究所、酒厂等企业。随着西建大新校区项目的引进，草堂营村原有土地大部分已被征用，剩余的土地并不能使传统的种植业产生规模效益，少部分经济基础较好的村民，通过承包土方、建筑机械租赁等方式，在新校区建设过程中获得了较好的收益，然而大多数村民的生活来源受到严峻挑战。随着新校区的投入使用，千年古村一下子变得繁荣起来，村民们通过开办餐饮、房屋租赁等方式，寻觅到了新的收入渠道，草堂营村村民所从事的主要产业已经转为第三产业。

（4）主要存在问题

改变带来了机遇，也带来了新的问题：突如其来的巨大人流，给本已脆弱的乡村环境带来了极大影响。由于生活配套设施严重滞后，污水横流，垃圾遍地，环境污染等问题亟待解决；整个村庄缺乏统一规划，靠近大学校园的一侧，由于人流量大，用地向外扩张，乱搭乱建现象严重，进一步扩大面源污染；大学校园带来的改变，仍然不足以吸引年轻村民的注意，他们中的绝大多数仍然在城市中谋生，乡村老龄化问题没有得到改善。乡村建设区现状问题主要有：现有的道路网系统尚未完善，道路附属设施不够齐全，无停车场，车辆在村中乱停乱放；现状住宅之间用地难以利用，浪费现象较严重；村内尚无文化站、图书室等文化娱乐、体育健身设施，村民文体活动项目单一；村内局部道路虽然硬化处理但未修建排水沟渠，排水不成系统，污水无处理设施。

7.3.3　发展重心耦合适宜建设区

在中观太平峪峪口区生态基础设施构建与三区划定之后，从中观区域到微观区域都需要在其指导下进行空间与用地的布局。图 7-16 是草堂营村在现状中的轴线分析图，草堂营村西侧太平湖附近的道路以及环山路交通可达性都非常高，但是草堂营村村庄建设区周边的道路可达性都较低，这与现状相符，主要的发展热点区基本都集中在环山路和生态环境优越的河道周边。图 7-17 是道路调整之后的道路轴线分析图，交通可达性有了明显改善，发展重心向草堂营村建设区转移。由于草堂营村所在地由地裂带穿过，并且在三区划定中确定为严禁建设区，虽然地裂带在平原区影响较小，但为了防范起见还是建议草堂营村局部搬迁。为了减少发展对南部用地的继续侵占，用地调整有目的地将发展重心向北推移，因此用地调整具体为将南部地裂带区域的大部分居民搬迁至村北部与建大校区之间的空地上，剩下的居民搬迁至草堂寺南部的空地上。村北部腾出的用地恢复耕地，发展农业种植业，居住用地面积和农业用地面积均不变化。居住用地可在草堂寺南部的空地上预留发展用地，以用来吸纳未来搬迁村等乡村人口。

图 7-16　现状轴线分析图

图 7-17　道路调整后轴线分析图

调整后的各用地紧凑连接，草堂营村、建大校区和草堂寺等各功能相异的空间都围绕中心十字街聚合在一起，有助于形成复合型中心（图 7-18）。中观尺度的交通格局调整后，主要交通来向为由北向南，正好沿中心十字街的南北向街道由南向北引入，并穿过中心区。但是，在中心区的转接下，南向环山路的可达性有一定程度的减弱，如图 7-19 所示，而是向东西两边的街道转移，发展重心向北的目的有所达到。

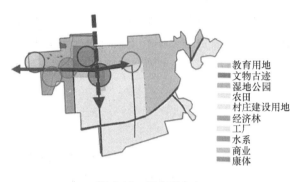

教育用地
文物古迹
湿地公园
农田
村庄建设用地
经济林
工厂
水系
商业
康体

图 7-18 复合型中心   图 7-19 乡村调整后轴线分析图

7.3.4 全产业混合关联促进乡村凝聚

乡村发展只有具有自身生长能力，空间才能具有向内的凝聚力，不至于被外部力量牵引发散，第 5 章分析的五台留村就是因为秦岭北麓整体对城市的吸引力增强，旅游人口逐渐增多，乡村在外部能寻求更多的发展机遇，因此空间沿道路向外发散，这也是秦岭北麓乡村的普遍问题。乡村只有寻找到自身生长能力，增强内部凝聚力才能使得空间实现真正的集中紧凑。研究选取了西安市周边与草堂营村整体环境较为类似，且近几年发展较好、具有较强自身生长能力的乡村进行比较研究，分析提炼各乡村的发展异同与优劣，吸取经验与教训，寻求草堂营村适应性发展方式。具体比较案例为上王村、袁家村与马嵬驿。

1. 案例概况

（1）案例一：袁家村

烟霞镇袁家村位于陕西省咸阳市礼泉县，交通十分便利，距唐太宗李世民昭陵仅 1km，距离西安城区 1h 车程。袁家村全村村民近 300 人，总面积 800 亩。袁家村自 2007 年起开始大力发展旅游产业，通过复建关中民居和街巷，展示关中农村生活和生产过程，并提供完整的旅游服务，形成景观、商业、旅游、生活休闲为一体的农村旅游目的地。现如今，不到 300 人的袁家村资产已达到数亿元，村民人均收入 15000 元，是全省乃至全国最受欢迎的乡村旅游胜地。

（2）案例二：马嵬驿

马嵬镇马嵬驿，位于陕西省兴平市西约 10km 处的马嵬镇李家坡村。马嵬驿是古代从长安西行的第一大驿站，安史之乱时，唐玄宗逃到这里，缢死杨贵妃，贵妃墓在现今马嵬镇的西面。现今当地以古驿站文化为核心，在原址上进行改造建设，形成集马嵬古驿站文化展示、文化交流、原生态餐饮、民俗文化体验、休闲娱乐、生态观光、环境保护于一体的陕西关中文化民俗村，总占地 233 亩。马嵬驿民俗村收集民俗藏品，开发特色饮食，发展民俗文化，同时带动农户从事果蔬种植、生态养殖产业。

（3）案例三：上王村

上王村位于秦岭清华山下，北有省道 107 环山公路擦肩而过，西临 210 国道，地理位置非常优越，秦岭野生动物园、黄峪寺、翠微宫等景点近在咫尺。上王村 163 户，总人口596 人，耕地面积 320 亩。上王村适龄劳动力 350 人，其中 90% 从事农家乐产业，外来劳动力约 100 人。2011 年总产值达 2000 多万元，村民年人均纯收入 2.3 万元。

2. 案例比较分析

（1）相似点分析

三个研究案例具有两个相似点。第一点，各案例均有良好的交通区位，并与具有一定名气和规模的自然或人文景点节点，形成一对功能差异互补的连接关系。案例一依托唐昭陵、案例二依托马嵬坡、案例三依托秦岭野生动物园，借助成熟景点的名气和人气，补充其休闲旅游服务的大块缺口，与其建立稳定的互补关系。第二点，商业旅游业复合式发展，形成产业关联并进行集聚。案例一袁家村的发展始于在村边另外修建的商业街，一开始规模较小，仅有三十米左右。然而商业街复合式经营带来极旺的人气与影响力，最终形成具有较大规模的商业街区。案例二马嵬驿并不是传统乡村，而是由企业家投资建设的仿古村项目，因此产业布局经过规划设计，一开始就具有一定的规模和复合型。案例三上王村在动物园休闲服务设施单一和缺乏的情况下，以农家乐为主发展旅游服务基地，并形成规模化产业发展。

（2）相异点分析

三个研究案例具有三个相异的方面。第一，三个研究案例依托的景点规模性质不同导致发展方式各不相同。依托的景点中属秦岭野生动物园的规模最大，人流量也最大，因此案例三上王村在毫无竞争的环境下，发展单一功能农家乐就已供不应求、人满为患，只需在规模上不断扩展而不用考虑升级提升。因此上王村对自身发展的独立性完全没有刚性需求，属于发展依赖性最强的产业模式；唐昭陵举世闻名，极具影响力。依托唐昭陵的人气，案例一袁家村建设独立商业街，并进行差异化发展，不仅销售多种农副产品还将产业复合化，将手工作坊、客栈、茶馆、休闲绿地等多种产业与功能融入于商业街，形成手工业、加工业、商业和旅游业各产业复合的商业街区。其发展成熟度明显高过案例三上王村，属于具有自身独立性的产业发展方式。马嵬驿众所周知，企业家借助其名气投资新建仿古村，在袁家村复合商业街区基础上将历史遗址遗迹、历史文化融入其中，向文化、创意产业延伸，具有更综合的产业发展方式。

第二，三个研究案例的发展对当地乡村的发展与带动影响各不相同。案例三上王村的农家乐发展加速了村内相似性农家乐的规模不断增加，村中居民逐渐由从事第一产业转型为第三产业服务人员。为了提高效率，村内自发形成了产业分工，有专门提供家禽宰杀服务的农户，也有专门进行蔬菜粮油供应的人员。但是，由于客流量过大，已经超出了乡村自身的供应能力，因此各农家乐经营户开始大量批发收购周边乡村的食品成品或半成品。案例三上王村的农家乐发展有效带动自身餐饮业和周边乡村食品生产与加工业的发展，如

图 7-20 所示，这种带动模式属于外部供应型发展模式。案例一袁家村的产业具有复合性，且注意进行差异化发展，在对外服务相关的第三产业中形成了一定的产业链连接关系，有助于形成对外与内部的产业双重循环。如本地生产的粮食、蔬菜和加工成品，不仅对外可以形成具有品牌效应的商品进行售卖，在内部这些产品的生产、加工、包装、销售和运输都由本地居民进行产业分工合作完成。这种发展可以有效促进本地农业、商业、旅游业、加工业和物流业的连接复合，从而形成具有一定独立性的循环发展模式，如图 7-21 所示；案例二马嵬驿在案例一的发展模式上将驿站文化融入乡村发展之中，虽然是商业策划行为，但是有效强化了乡村特色，形成文化渗透式的综合循环发展模式，如图 7-22 所示。但是，马嵬驿快速人为建立的模式还需要接受时间的考验。

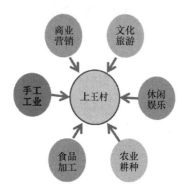

图 7-20　外部供应型带动模式

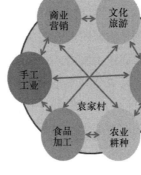

图 7-21　独立循环带动模式

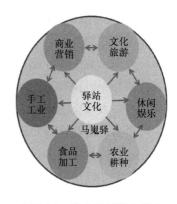

图 7-22　综合循环带动模式

第三，三个研究案例对生态与农业的影响各不相同。其中可以明显看出案例三上王村的外部依赖性过强，自身很难成为具有独立性和特色性的旅游目的地，现在已成了乡村发展的反面案例，缺乏竞争力。支撑这种发展模式需要极大的地域范围，还会带来更多的外部交通量，能量消耗极大。案例一袁家村产业复合循环，有助于形成自生能力，促进当地各产业融合发展。但是上王村和袁家村因为经济的提升，都进行了大规模集聚式发展，上王村问题在第 5 章已经进行了深入剖析，袁家村也开始发展房地产，建设用地的不断扩张，势必带来生态环境的破坏。对于乡村来说真正具有吸引力的是乡村优越的生态环境，和悠闲养生的田园生活环境。一切以生态为基底发展出来的绿色商业、康体娱乐、文化旅游等产业的集聚才能够与城市建立互补连接的节点。第 5 章秦岭北麓乡村吸引强度评价指标体系显示乡村生态吸引物占整体权重的 42%，也就是说经济发展即使再具有优势，一旦生态遭受破坏吸引强度也会下降，尤其会削弱可持续的发展动力。案例二马嵬驿与案例一袁家村相比产业复合型相对较强，但是这两个案例都是在外部几乎没有竞争力的情况下发展起来的，发展初期客流量就很大，这同时也说明两个案例对于外部客流具有很强的依赖性，一旦周边乡村分流游客就会对发展带来重大打击。目前这种乡村发展的失败案例已不鲜见。同时，过度发展旅游，忽略了乡村综合实力和乡村整体居民素质的提升。乡村发展的成功在于乡村居民能够安居乐业，但是这种过度强化旅游的发展方式最终会使乡村环境不再适合居住，同时当地居民也会遭受外来人员的竞争而最终外迁，乡村也会由于过度商业化而削弱了生命力。所以，只有立足当地生态资源与条件，平衡生态与经济利益，不断推进技术更新和产业成熟化发展，形成自身品牌的独特性和影响力，才能具有自生能力并不断持续发展。

3. 草堂营村适应性产业发展模式研究

太平峪峪口区的草堂营村与三个研究案例的相同点是，具有良好的交通区位且毗邻具有一定名气和规模的自然或人文景点，有望成为其旅游接待服务点，带动经济发展。但是旅游产业发展本身的外部依赖性极强，且存在较大的竞争风险。目前全国都以袁家村和马嵬驿为模板，希望复制其发展的辉煌，但是由于各乡村不从自身的生态环境、自然资源、产业培育和基础设施等方面进行全方位的综合提升，不是系统地将一产、二产和三产产业进行疏通关联，而仅仅仿建古建筑和商业街，再加上粗制滥造、管理不善，这样的发展难以为继。因此，乡村经济发展的同时还需利用经济促进科技、文化和教育产业的发展，促进产业复合化升级转型，呈现稳定、可持续化的发展趋势。需要重视的是，越是发展就越应该维护巩固生态环境，实现经济与生态效益的最大化，而不能舍本求末破坏环境。三个案例的研究对秦岭北麓的乡村发展有所启示，秦岭北麓的乡村发展受到生态限制，只能发展绿色、低碳、无污染产业，因此如何将秦岭北麓的生态环境变约束为驱动，如何将有限的产业发展方向进行升级提升，实现乡村紧凑而可持续的发展，将是接下来的研究重点。

草堂营村自身已有较好的农业基础，地处秦岭北麓冲洪积扇的扇缘区，土质肥沃，水源充足，农产品丰富。草堂营村历史文化资源丰富，境内的草堂寺是世界级的旅游目的地。由于紧邻户太八号葡萄种植基地，也是全国唯一冰葡萄生长地，其葡萄研究所酒厂就在草堂营村范围之内，农产品加工业的起步也很高，加上高校新校区的迁入，使得草堂营村在教育与科研方面的发展与提升上也具有较好的优势条件。目前的问题是，所有的产业之间空间紧密相连而内在缺乏功能关联，这跟五台留村的情况类似，乡村各用地不断寻求与外部遥远区域的紧密联系，而内在相互之间联系微弱，这是造成空间松散、外扩、缺乏凝聚力的主要原因。因此，草堂营村的发展模式需吸取以上三个乡村的经验与教训，以生态为基底，发展适应性产业并丰富其种类，同时不断强化本地产业与功能的互补关联，将各产业与功能两两连接，形成关系密切的全产业混合关联模式，如图7-23所示。关联性越强，网络的结构性越鲜明，城市就越有活力，乡村的城镇化也是相同的道理，功能与产业的多样性使得各功能与产业之间形成频繁的连接、互动和交流，这种内在的连接越丰富，乡村的发展就越具生命力，且有助于形成自身独特的文化与品牌。在传统具有活力的城镇中，这种丰富的内在连接是通过长时间的发展自下而上慢慢建立的，因此，对于今天自上而下的规划设计来说，就需要有目的性地进行引导、创造与培育这样的关联，内在连接的丰富性一旦形成，就可以有效促进乡村自发独立的发展升级，促进农业人员就地转型，实现乡村就地城镇化。

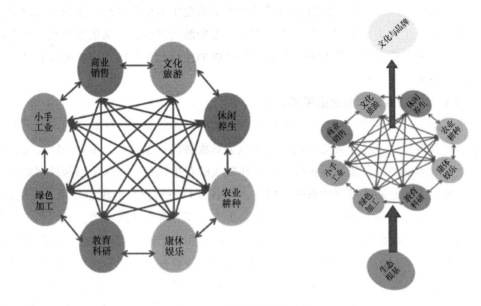

图 7-23　全产业混合关联

7.3.5　小尺度高密度功能混合提升吸引力

1. 增强吸引力的保障

全产业混合关联的发展模式还需要有相应的空间布局去配合，甚至是激发。如果以功能大区块的分区方式进行布局，如图 7-23 所示，假设一个街区分为 N 个独立的功能区，那么其如果两两充分连接，通过排列组合公式计算则总共有 1/2（N-1）N 个连接，N 取4 的话，充分连接的数量为 6。如果将功能区的数量加倍，成为 8 个功能区，充分连接后连接数量为 28，若增加到 16 个功能区，则充分连接的数量为 120，可见功能数量如果加倍，则连接数量则成倍数的平方级以上的倍数向上增长。也就是说，在同样面积的用地里，功能数量越多，单位面积越小，用地越具有活力，且活力基本是超越倍数的平方进行增长。根据这一发现，集聚村通过增加功能数量，吸引力才有可能超越峪口区南部山脚下，具有优越自然生态环境的乡村。以草堂营村和太平口村为例进行对比，草堂营村等集聚村所在的控制建设区和适宜建设区基本处在冲洪积扇扇缘一带，位于环山路以北并进入平原区，因此生态吸引物的规模、多样性、特色性都远不如山脚下的乡村，表 7-9 显示草堂营村虽然在区位、规模、经济发展和综合服务等方面都具有较强优势，但是由于生态吸引物各方面的不足，因此自身吸引强度仍然不及太平口村，表 7-10 显示草堂营村与西安主城区在距离、阻力等方面明显优越于太平口村，但是最终对城市的空间作用强度，也就是对城市的吸引力也依然不如太平口村。如果将草堂营村的消费吸引物中的混合度的分值提升 2 个分值到 8，其自身吸引强度才能达到 6.80 分，对城市的空间作用强度 6.52 分，基本与太平口村持平。可见山脚下的乡村有着天然强大的吸引力，若要进行山麓区的生态保护，不仅要进行严格的控制和管理，还要重新梳理各区域的吸引关系。太平口村因为处于严禁建设区未来将要搬迁，但是山脚下没有搬迁的乡村依然具有强大的吸引力，因此需要有意识地弱化其发展，在峪口区乡村中设置搬迁村、缩减村都是以削弱这些乡村为目的。因此需要对集聚村不断发展强化，但是集聚村本身规模发展也受到限制，所以，提升混合度，实行小尺度高度混合的功能布局将会有效的提升乡村吸引力。

草堂营村和太平口村自身吸引强度对比表 表7-9

乡村名称	消费吸引物			生态吸引物				社会吸引物			吸引强度
	（权重0.41）			（权重0.42）				（权重0.17）			
	区位	规模	混合度	密度	规模	多样性	特色性	参与度	文化特色	综合服务	
	0.34	0.22	0.24	0.2	0.24	0.26	0.29	0.21	0.53	0.47	
草堂营村	7	10	6	10	5	6	5	3	7	8	6.59
太平口村	6	7	3	8	10	8	8	5	7	6	6.83

草堂营村和太平口村与西安空间作用强度对比表 表7-10

乡村名称	吸引强度	距离	阻力系数	空间作用强度
草堂营村	6.6	38	1.1	6.32
太平口村	6.8	41	1.2	6.50

2. 不受空间限制的高密度

在乡村中空间的最小尺度就是街区中的住户单元，一户院落开间3m左右。假设一条30m的街两边各10户共20户，如果每户都是居住，相同的功能无法产生关联，$1/2(N-1)N$中N就等于1，结果为0。但是如果每家将临街部分变换功能，作为旅馆、加工坊、手工坊、商店等，全产业关联的话，则在公式$1/2(N-1)N$中N就等于20，连接数量为190，若每户在旅馆中又加上售卖，手工坊中加入展览，加工厂中加入餐饮等将功能分化成两种，那么N就等于20+20，不同功能相互可以形成的连接数量为780。数字只是示意，说明功能高密度带来的巨大影响。同时，空间功能可以通过空间共享而减少实体空间面积的约束，利用互联网更可以减少空间的限制。根据这一点，在乡村空间发展面积受限不能扩张的约束下，只要对功能不断进行分化、细化、复合并关联，乡村活力与稳定性一样可以不断提升。需要说明的是，这里的功能不可以重复，而且必须两两互补，相同的功能是不会产生关联的。目前，乡村发展都是在模仿成功案例，如袁家村式的仿古小吃街，模仿的外在形象可以很像，街区与建筑的尺度也的确很小，但就是功能匮乏，缺少产业之间、功能之间的关联。相同或类似的餐饮小吃只能算是相同功能，因此计算下来连接量很小。这也是模仿型乡村发展动力不足的主要原因。

3. 自下而上建立关联

如何进行功能配置并使其相互关联，例如上一例的数据，每户若发展两种功能，全产业关联的话，30m长的街就会有近八百种连接，若每户再加上种植、物流等可行地发展功能，研究确定各种功能以及这些功能相互之间的关联关系，这将完全超出规划师个人的规划设计能力，或者说，规划师很难完成一个具有活力的区域的功能与产业规划设计。规划师只能给出发展方向、策略与建议，乡村的发展还在于乡村自身，只有充分发挥当地所有居民的智慧，家家户户甚至个人根据自身的基础、能力、爱好和兴趣，结合当地资源、环境和政策等各种条件，寻求自身的适应性从业方向，发挥自身特色，自下而上的寻求关联，不仅有助于乡村功能的多样化发展，更有助于乡村小尺度高度混合布局的生成。

7.3.6　具有生态适应性的空间形态

草堂营村所在地具有秦岭北麓的特殊气候特征，因此乡村空间形态在未来发展中依然需要采取传统依巷集中的布局形态，同时南北方向设置具有连续面的窄通道，有利于引导上下山风形成避风循环和降温冷巷。同时，草堂营村也处在坡地上，只是坡度较缓，可在局部坡度较大的地段采用丁字路网，不仅减少土方还有助于丰富空间。为了排水顺畅，利用坡度修建的道路两边还需要设置排水沟，使得水路相依，顺势排水。同时选择适宜的物种进行种植，见缝插绿，乡村建设采取就地取材的方式环保且低碳。传承传统乡村空间的生态适应性方式可以有效的适应秦岭北麓的气候条件、地形地貌与资源环境特征。

完成了乡村适应性发展模式从宏观到微观的一系列研究之后，系统并全面地对上位规划进行用地布局调整，并在此基础上进行生态导则制定，以便更明确、有效地指导建设。

第8章 总结与展望

8.1 研究结论

　　秦岭北麓在保护秦岭生态环境、维护区域生态安全方面占有举足轻重的地位，其健康发展关系着西安乃至关中平原地区可持续发展的命脉。然而，由于秦岭北麓特殊的地质构造与自然环境，使得这里的乡村发展极易对秦岭北麓脆弱、敏感的生态环境造成影响和破坏。在此背景下，本书以秦岭北麓乡村空间为研究对象，从历史到现状、从宏观到微观，展开一系列系统研究与深入探索，最终提炼出秦岭北麓乡村空间与自然共生的适应性发展模式，现主要研究结论如下：

　　（1）本书通过研究整理秦岭北麓西安段生态环境与乡村空间各个时期的特征变迁与演化历程，探讨生态环境与乡村空间之间的作用、影响等相互关系并分析其表象背后的动力因素与影响因素。研究得出：自然地位逐渐跌落神坛，现代效益计算体系缺失生态价值，因此生态地位一落千丈；乡村发展始终受到自然制约，只是在不断犯错纠错中累积适应性经验，并成为今天的宝贵资源。

　　（2）本书分别以宏观秦岭北麓、中观峪口区和微观乡村个体三个尺度为研究范围，探索乡村空间与秦岭北麓气温、降雨、风环境、水文、地质地貌等生态环境要素的适应性特征、规律与形成机理。研究得出：秦岭北麓宏观乡村空间布局呈现出逐小水、趋域界、背山、临下、居顶和扇缘状布点方式等生态适应性特征；秦岭北麓中观峪口区乡村空间呈现出峪口区团状集聚，扇形分层式分布和递增式规模分级等生态适应性特征；秦岭北麓微观乡村个体空间呈现出依巷集中、避风循环、丁字路网、降温冷巷、水路相依、顺势排水、见缝插绿、物种适宜、就地取材和保土透水等生态适应性特征。

　　（3）本书选取宏观秦岭北麓、中观峪口区和微观乡村个体三个尺度，分别探讨各尺度乡村空间布局、规模、形态等方面的发展趋势与动力机制，以及在此影响下造成的生态矛盾性冲突及背后的深层本质并提出转化策略。研究得出：宏观尺度类城市飞地规模巨大、集聚抱团，破坏生态环境，劫夺乡村发展机遇，导致乡村寄生依赖；中观峪口区乡村发展重心向南偏移威胁水源地，生态逐渐被消费捆绑，生态成本被忽略不计，生态资源面临消耗；微观乡村个体缺乏适应性产业发展和自生能力，空间形态由紧凑转向发散无序，新建用地选址布局盲目失当，乡村空间发展趋势缺乏现实与生态适应性。

　　（4）本书选取尺度Ⅰ山麓区尺度、尺度Ⅱ流域尺度和尺度Ⅲ峪口区尺度三种尺度层级，运用斯坦尼兹六步骤模型与景观安全格局技术手段进行景观格局的研究与优化。在此基础上构建生态基础设施并进行严禁建设区、控制建设区与适宜建设区的三区边界划定。研究得出：冲洪积扇扇顶下渗区、各单项与综合安全格局的低、中安全格局、太平河河道两岸 50m 内区域、紫阁河两岸 50m 内区域、太平河 20 年一遇洪水淹没区等区域范围内为严禁建设区，严格禁止城市开发和村镇建设，禁止任何有损于生态保护的工程项目；冲洪积扇扇中区、潜在冲洪积扇下渗区、各单项与综合安全格局的中、高安全格局等区域范围内为控制建设区，可以保留农田，但是应调整生产结构和经营开发方式，鼓励发展生态项目，少量建设旅游设施和符合城市规划的各类用地。

（5）本书选取三个尺度层级：宏观秦岭北麓整体乡村、中观峪口区乡村群落和微观乡村个体，以三区划定的生态控制边界为约束，汲取秦岭北麓乡村空间传统智慧与现实教训，研究并提炼适应于秦岭北麓生态环境和现代农村生产、生活条件的乡村空间适应性发展模式。研究得出：宏观尺度：城市—乡村空间适应性发展模式，提出城乡梳状发展耦合景观格局，城乡梳状连接建立互补功能和道路通而不畅避免直线连接等发展方式；中观尺度：乡村群落—乡村群落空间适应性发展模式，提出耦合景观边界的空间引导，梳状格局引导交通，形成集聚紧凑的职能体系和耦合景观边界的用地规模等发展方式；微观尺度：乡村个体空间适应性发展模式，提出发展重心耦合适宜建设区，全产业混合关联促进乡村集聚，小尺度高密度功能混合和具有生态适应性的空间形态等发展方式。

8.2　本书的创新点

本书的创新点主要体现在对秦岭北麓传统乡村空间生态适应性规律进行了总结与揭示，并在此基础上结合问题梳理与景观优化，创造性地总结提炼出适应于现状乡村空间发展的适应性发展模式，具体如下：

（1）秦岭北麓具有特殊的气候、生态与地理条件，这里的乡村历经千百年的历史变迁，在其漫长的发展演进过程中，不断与自然生态环境共生磨合，形成了特殊的适应性形态与格局。本书分别以宏观秦岭北麓、中观峪口区和微观乡村个体三个尺度为研究范围，探索乡村空间与秦岭北麓气温、降雨、风环境、水文、地质地貌等生态环境要素的适应性特征、规律与形成机理，并进行提炼总结，如表 8-1 所示，为进一步探索秦岭北麓乡村空间可持续适应性发展提供基础与借鉴。

秦岭北麓乡村空间生态适应性特征总结表　　　　　　　　　　表 8-1

尺度层级	特征	内容提炼
宏观尺度	逐小水、趋域界	村庄选址趋近于低等级的河流，既能得水之便又可避水之患；同时，村庄选址趋近于两个流域中地势最高的地方，也就是域界，能更有效的避免水患
	背山、临下、居顶	村庄背山面水、居高临下，才能进退自如；同时居于坡顶不仅能避免水淹还能迅速排水，可以远离地下水，减少潮气干扰

续表

尺度层级	特征	内容提炼
宏观尺度	扇缘状布点方式	冲洪积扇扇缘土层厚、土质肥且有较多泉水涌出适合农业耕种，是人居环境的首选，村庄集中在这一带，自然而然随扇缘形成扇形布局
中观尺度	峪口区团状集聚	峪口区河流刚出山口，等级不高，且呈扇形分散，村庄逐小水而居，因此在峪口区形成集聚状态
	扇形分层式分布	冲洪积扇新扇体不断覆盖于老扇体之上，每一期的扇缘相互叠加，形成多道扇缘带，因此村庄也随扇缘形成多道分层分布
	递增式规模分级	村落由扇顶区到扇缘区的分层呈现村落数量不断增多，村落规模逐渐加大的递增式规模分级特征
微观尺度	依巷集中	乡村建筑都顺着巷道紧密排列，形成紧凑集中的团状布局，冬季有助于储存热能、防止耗散；夏季能防止水分快速蒸发，有利于形成风道和冷巷，便于降温通风
	避风循环	村落南北向的通道狭窄且弯曲，避免大风穿村而过所带来的不适；依照文丘里效应和伯努利效应，南北向通道的气流还有房屋院落内的气流都流向了东西向通道，村落内部形成了自然微风循环系统
	丁字路网	山麓区地形复杂多变，村民顺应地势，采用陡坡沿等高线和缓坡顺坡错接的方式修建道路，不仅降低道路坡度，减少了南北高差带来的影响，同时还节约了大量人力物力
	降温冷巷	南北向巷道山墙密闭高耸，能促使大体量的气流降压，促进通风；由于巷道窄且高，加上植被遮蔽，几乎全部处于阴影区，温度相比其他巷道低很多，因此形成冷巷。巷道两边还伴有排水沟，水汽的蒸发更能有效降温加湿
	水路相依	道路单侧或双侧设置排水沟，民居院落的排水口也与道路连通，将道路作为排水的主要通道，确保降水快速顺边沟排出村外，既可以保障村庄安全，又可以汇集路面雨水，同时保证道路的通行能力
	顺势排水	排水系统的建造与道路相似，都是在顺应地形地势基础上构建的，由高到低，有利于形成自发的快速排水，最终汇入排污池
	见缝插绿	在满足日照和补水的条件下，尽可能多地利用荒地、洼地和不宜建造的零碎而分散的土地来进行绿化，以避免对农田等可利用土地的消耗，既能防止水土流失还能美化周边环境
	物种适宜	经过长期的自然选择，适应于扇缘区的适宜农作物有小麦、玉米、豆类以及各类蔬菜，扇顶、扇中区的以板栗、柿子、核桃和枣树为主
	就地取材	乡土材料就地取材，不会对生态环境造成压力，还可以实现物质在景观要素间的流动，既保持了生态系统的连续性，又形成了景观生态流的通道
	保土透水	在适应当地地形地貌的前提下，有效的利用地形，采取台塬梯田、雨水种植池等措施，透水保土效果好，利于农作物生长，同时也充分利用雨水并使得水土得到治理

（2）本书系统整合秦岭北麓的多重矛盾，在乡村空间的历史经验中寻找现代价值，在生态保护的基础上寻求经济建设可能，在乡村发展中寻找与城市的统筹对接，并重点探讨建设发展与生态保护的适应性问题，本书选取三个尺度层级：宏观秦岭北麓整体乡村、中观峪口区乡村群落和微观乡村个体，以三区划定的生态控制边界为约束，汲取秦岭北麓乡村空间传统智慧与现实教训，研究并提炼出宏观、中观和微观三个尺度下适应于秦岭北麓生态环境和现代农村生产、生活条件的乡村空间适应性发展模式、量化途径和技术方法，如表 8-2 所示，有望进一步指导秦岭北麓乡村空间有序可续地发展。

秦岭北麓乡村空间适应性发展模式总结表   表 8-2

模式示意图	要点	内容概要
宏观尺度：城市—乡村空间适应性发展模式 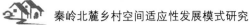	城乡梳状发展耦合景观格局	乡村发展耦合于秦岭北麓梳状水系天然划分出的梳状地块，同时注重产业转型与功能提升，形成完善、独立、具有自生能力，可以直接应对城市的对接节点，与城市形成具有整合性的城乡系统网络
	城乡梳状连接建立互补功能	梳理城乡引力格局，让乡村与城市形成一对对相异互补的连接，加强乡村对城市的吸引力，使城乡的产业空间、功能空间自发地形成梳状分布并耦合于景观格局
	道路通而不畅避免直线连接	通向乡村的道路就不应像城际交通一样强调快速与效率并采用最短线直线连通，而应采取通而不畅的非直线连接，越趋近于秦岭北麓的交通越应该讲究视觉引导
中观尺度：乡村群落—乡村群落空间适应性发展模式	耦合景观边界的空间引导	在峪口区景观优化格局确定基础上，确定乡村发展的用地控制边界。在此基础上顺应城乡梳状格局吸引城市，支持和培育扇缘带和小水区的具有集聚潜力的乡村发展形成一定规模的对外接应点
	梳状格局引导交通	加强被梳状水系分隔开的各乡村群落与城市的交流与沟通，确保城市对乡村群落的机会平等，实现各乡村群落的均衡发展；同时避免乡村群落之间的过渡横向交通
	形成集聚紧凑的职能体系	乡村群落内部乡村相互形成具有功能关联的体系化发展方式，有助于乡村群落的集聚与紧凑。乡村群落之间避免形成功能互补关联，以致抱团发展突破生态边界
	耦合景观边界的用地规模	根据峪口区景观优化格局确定三区范围、地块大小和生态用地构成等内容，结合现状土地利用，将生态效益与经济效益整合计算并优化各用地配比指标，以此推算各乡村可建设用地和人口规模的适应性范围

模式示意图	要点	内容概要
微观尺度：乡村个体 空间适应性发展模式	发展重心耦合适 宜建设区	乡村个体的发展依然需要耦合于景观优化格局，尤其对于可以进行适当集聚发展的集聚村，需要通过交通引导和复合中心设置将发展重心迁移至具有较大扩展空间的适宜建设区
	全产业混合关联促 进乡村集聚	以生态为基底，发展适应性产业并丰富其种类，强化本地产业与功能的互补关联，形成关系密切的全产业混合连接模式。功能与产业之间形成的连接越丰富，乡村的发展就越具生命力
	小尺度高密度 功能混合	在同样面积的用地里，功能数量越多，单位面积越小，用地越具有活力。提升混合度，实行小尺度高度混合的功能布局可以配合全产业混合关联模式，会有效的提升乡村吸引力
	具有生态适应性 的空间形态	乡村个体在山麓区特殊地质形态以及气候环境影响下，需要采取相应的生态适应性空间布局形态，以有效应对秦岭北麓的气候条件、地形地貌与资源环境特征

8.3　研究展望

　　本书暂告一段落，目前只是秦岭北麓乡村空间适应性发展模式的阶段性成果，由于受到数据精度与个人能力的限制，研究成果还有诸多不足，未来还需要持续探索并对本书研究内容进行细化、完善。本阶段的研究重在完善总体框架，突出尺度效应，但是各尺度的研究还不够深入，尤其中观峪口区乡村群落和微观乡村个体的研究深度十分有限，需要未来进一步展开调研、收集资料、完善数据，并进行数据建模与动态模拟，细化成果内容。另外，乡村问题极其复杂，研究成果还需要在实践中不断检验、不断论证，因此需要通过大量的实践案例研究进行反馈与修正。

附录 A　秦岭北麓乡村吸引强度计算表

秦岭北麓乡村吸引强度计算表　　　　　　　　　　　　表 A

序号	乡村名称	消费吸引物（权重 0.41）				生态吸引物（权重 0.42）				社会吸引物（权重 0.17）		吸引强度
		区位	面积	混合度	密度	面积模	多样性	特色性	参与度	文化特色	综合服务	
		0.34	0.22	0.24	0.2	0.24	0.26	0.29	0.21	0.53	0.47	
1	王过村	1	2	1	2	4	4	4	2	3	2	2.5
2	仝家滩村	4	2	1	2	5	4	5	2	3	2	3.2
3	柳泉口村	6	2	1	2	5	5	5	3	3	2	3.6
4	孙真坊村	4	2	1	2	7	6	7	3	3	2	3.9
5	白龙沟村	5	2	1	2	7	7	7	4	4	2	4.3
6	柳西村	3	2	1	2	8	8	8	3	3	2	4.2
7	杏景口村	3	2	1	2	7	8	8	4	4	2	4.3
8	白庙村	1	3	2	3	3	3	3	4	5	3	2.9
9	郝家寨村	4	2	1	2	5	5	5	3	3	2	3.4
10	甘峪口	6	2	1	2	8	8	8	5	6	2	5.1
11	马峪沟	5	3	2	3	6	7	7	4	6	3	4.8
12	西八什村	1	2	1	2	3	3	3	3	3	2	2.3
13	念庄村	4	3	2	3	4	3	3	4	5	3	3.4
14	曹村	6	3	2	3	5	5	5	3	6	3	4.3
15	富村窑村	6	3	2	3	6	6	6	5	6	3	4.8
16	五泉村	4	2	1	2	6	6	6	4	6	2	4.0
17	西岭山	6	2	1	2	6	6	6	3	4	2	4.1
18	东岭村	1	2	1	2	7	8	8	3	4	2	3.9
19	竹沟口	5	2	1	2	7	7	7	4	5	2	4.5
20	八家庄	6	2	1	2	5	5	5	3	3	2	3.6
21	马峪河	6	2	1	2	5	4	4	3	4	2	3.5
22	马峪口	6	2	1	2	6	6	6	4	6	2	4.3
23	口皇庙	5	2	1	2	7	7	7	4	5	2	4.5
24	龙口	4	2	1	2	4	3	3	3	3	2	2.8
25	西河	3	3	2	3	4	3	3	3	3	3	3.0

146

续表

序号	乡村名称	消费吸引物（权重 0.41）				生态吸引物（权重 0.42）				社会吸引物（权重 0.17）		吸引强度
		区位	面积	混合度	密度	面积模	多样性	特色性	参与度	文化特色	综合服务	
		0.34	0.22	0.24	0.2	0.24	0.26	0.29	0.21	0.53	0.47	
26	东八什村	1	2	1	2	3	3	3	3	3	3	2.4
27	水北滩村	2	2	1	2	3	3	3	3	3	2	2.4
28	胡家庄村	4	2	1	2	3	3	4	4	6	2	3.2
29	水磨头村	6	2	1	2	4	3	3	4	6	2	3.4
30	仝家庄村	4	2	1	2	6	6	6	6	6	2	3.7
31	上涧子村	6	2	1	2	4	3	4	3	6	2	3.5
32	七姓庄村	6	3	2	3	6	6	6	3	3	3	4.3
33	洛家庄村	6	2	1	2	6	6	6	3	3	2	4.0
34	西涝峪口村	7	6	3	5	9	8	7	5	6	5	6.2
35	羊圈庄村	6	2	1	2	5	6	6	3	4	2	4.0
36	上新城	5	3	2	4	7	7	7	3	4	3	4.7
37	白云村	5	2	1	2	6	6	6	3	3	2	3.8
38	东涝峪口村	7	6	3	5	9	8	7	3	5	6	6.0
39	石西村	2	2	1	2	3	3	3	3	3	2	2.4
40	栗峪村	6	2	1	2	3	3	3	3	3	2	3.1
41	栗峪口村	6	2	1	3	7	7	7	3	5	2	4.6
42	石东村	2	4	3	5	3	3	3	3	3	4	3.2
43	石中村	2	2	1	2	3	3	3	3	3	2	2.4
44	下庄村	6	2	1	2	3	3	3	3	3	2	3.0
45	直峪口村	7	3	2	3	7	7	7	5	6	3	5.2
46	栗园坡村	7	2	1	2	4	4	4	3	5	2	3.6
47	站马村	7	4	2	5	7	7	7	3	4	4	5.2
48	曹家堡村	1	3	2	4	3	3	3	3	5	3	2.9
49	柿园村	3	2	1	1	3	3	3	3	3	1	2.4
50	阿姑泉村	7	7	4	9	7	7	7	7	6	6	6.7
51	朱家堡村	3	2	1	2	3	3	3	3	3	2	2.6
52	冯官寨村	5	2	1	2	4	4	4	3	3	2	3.2
53	新兴村	7	3	1	3	7	7	7	3	4	2	4.7
54	谭峪口村	5	2	1	2	8	8	8	3	6	2	4.8
55	马家河村	4	2	1	2	4	5	5	3	3	2	3.3
56	孟家庄	3	2	1	2	4	4	4	3	3	2	2.9

序号	乡村名称	消费吸引物（权重0.41）				生态吸引物（权重0.42）				社会吸引物（权重0.17）		吸引强度
		区位	面积	混合度	密度	面积模	多样性	特色性	参与度	文化特色	综合服务	
		0.34	0.22	0.24	0.2	0.24	0.26	0.29	0.21	0.53	0.47	
57	杨家	7	2	1	2	4	4	4	3	3	2	3.4
58	栗园坡	7	2	1	2	4	3	4	3	3	2	3.3
59	吊庄	6	2	1	2	3	3	3	3	3	2	3.0
60	张家	6	2	1	2	3	3	3	3	3	2	3.0
61	王家庄	6	2	1	2	3	3	3	3	3	2	3.0
62	上庄	7	2	1	2	6	7	6	3	6	2	4.5
63	土门子	4	2	1	2	8	8	8	3	4	2	4.4
64	陈家坡	6	2	1	2	6	6	6	3	3	2	4.0
65	蔡家坡	7	7	4	7	7	7	6	5	5	6	6.0
66	宋家泉	7	2	1	2	7	7	7	3	3	2	4.4
67	杨家堡村	2	2	1	2	4	3	3	3	3	2	2.5
68	穆家堡村	2	2	1	2	4	3	3	3	3	2	2.5
69	化西村	5	6	2	6	3	3	3	3	4	5	4.0
70	化中村	6	2	1	2	4	3	3	3	4	2	3.2
71	化东村	5	2	1	2	4	3	3	3	3	2	3.0
72	化丰村	7	2	1	2	5	5	5	6	7	2	4.4
73	李原寨村	5	2	1	2	4	3	3	3	3	2	2.9
74	新阳坡村	7	4	2	5	4	3	3	3	5	4	4.1
75	乌西村	5	3	2	4	3	3	3	3	3	3	3.3
76	李家庄村	1	3	2	4	3	3	3	3	3	3	2.7
77	黄柏村	7	2	1	2	6	6	5	3	7	2	4.3
78	焦东村	2	2	1	2	3	3	3	3	3	2	2.4
79	乌东村	6	3	2	4	7	7	5	5	6	3	4.9
80	化羊坡	6	2	1	2	7	7	5	6	7	2	4.7
81	李家庄	6	4	3	5	4	4	4	4	3	4	4.1
82	河夹流村	2	2	1	2	6	7	6	3	3	2	3.5
83	三府村	4	3	2	4	3	3	3	3	3	3	3.1
84	二府村	6	4	3	5	3	3	3	3	3	4	3.8
85	平堰下村	6	2	1	2	6	6	5	3	3	2	3.8
86	下滩村	8	2	1	2	5	6	6	3	3	2	4.1
87	上滩村	6	3	1	2	5	6	6	3	3	2	4.0

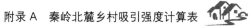

续表

序号	乡村名称	消费吸引物（权重 0.41）				生态吸引物（权重 0.42）				社会吸引物（权重 0.17）		吸引强度
		区位	面积	混合度	密度	面积模	多样性	特色性	参与度	文化特色	综合服务	
		0.34	0.22	0.24	0.2	0.24	0.26	0.29	0.21	0.53	0.47	
88	唐旗寨村	5	2	1	2	6	6	6	3	5	2	4.0
89	刘家庄	2	2	1	2	6	7	6	3	3	2	3.5
90	叶家寨村	1	4	3	5	4	3	3	3	3	4	3.2
91	大堰口村	1	2	1	2	4	4	4	3	3	2	2.6
92	下草村	1	2	1	2	4	4	4	3	3	2	2.6
93	上草村	2	2	1	2	4	4	4	3	3	2	2.7
94	后林村	4	2	1	2	3	3	3	3	3	2	2.7
95	弋家庄村	4	2	1	2	3	3	3	3	3	2	2.7
96	草堂营村	7	10	6	10	5	6	5	3	7	8	6.6
97	李家岩村	6	10	3	10	5	5	5	3	4	8	5.8
98	杨家坡村	6	3	2	4	5	5	5	3	4	3	4.2
99	杜家庄村	5	2	1	3	7	8	9	3	6	2	4.9
100	太平口村	6	7	3	8	10	8	8	5	7	6	6.8
101	马丰滩村	1	3	2	4	6	7	6	3	3	3	3.8
102	宁家庄	4	2	1	2	6	7	6	3	3	3	3.8
103	神水口	4	2	1	2	6	7	7	3	4	2	4.0
104	东大村	5	10	7	10	4	6	6	3	6	9	6.7
105	索罗庄	7	2	2	3	6	7	3	3	3	2	4.0
106	罗汉洞	8	9	5	10	6	6	4	5	5	8	6.5
107	石里头	7	4	3	5	7	7	7	3	4	4	5.3
108	新联	7	2	1	2	7	7	7	3	4	4	4.5
109	惊驾村	4	2	1	2	7	7	3	3	6	2	3.8
110	祥峪口	8	7	5	9	8	9	8	5	7	7	7.4
111	灵应寺	7	2	1	2	7	6	7	3	7	2	4.7
112	江南村	2	3	2	4	3	3	3	3	3	3	2.8
113	东留堡	2	7	5	9	3	3	4	5	5	7	4.7
114	陈村	7	9	7	10	5	4	5	4	4	8	6.2
115	上王村	9	10	7	10	6	6	6	6	6	9	7.4
116	官堰	2	2	1	2	4	3	3	3	4	2	2.6
117	沣峪口	10	10	5	9	10	8	8	8	8	8	8.4
118	西王村	2	2	1	2	3	3	3	3	3	2	2.4

续表

序号	乡村名称	消费吸引物（权重0.41）				生态吸引物（权重0.42）				社会吸引物（权重0.17）		吸引强度
		区位	面积	混合度	密度	面积模	多样性	特色性	参与度	文化特色	综合服务	
		0.34	0.22	0.24	0.2	0.24	0.26	0.29	0.21	0.53	0.47	
119	王里村	4	2	1	2	3	3	3	3	5	2	2.9
120	杨家庄	3	2	1	2	3	3	3	3	3	2	2.6
121	花苑	8	7	3	8	5	4	5	4	6	6	5.6
122	内苑	7	7	3	8	6	5	5	5	6	6	5.8
123	鸭池口	6	8	5	9	6	5	5	5	5	7	6.0
124	张村	8	7	4	8	4	4	4	4	4	6	5.3
125	南豆角村	6	5	3	2	5	5	5	3	7	3	4.5
126	北豆角村	8	4	3	2	6	6	5	3	7	3	4.9
127	子午西村	4	7	2	7	7	7	5	5	8	5	5.6
128	子午东村	3	3	2	4	7	7	5	3	8	3	4.5
129	甫店	4	2	1	2	3	3	3	3	3	2	2.7
130	递午村	5	2	1	2	3	4	3	3	3	2	2.9
131	葛村	3	2	1	2	3	3	3	3	3	2	2.6
132	立元村	2	2	1	2	4	4	3	3	3	2	2.6
133	曹村	8	7	5	9	4	3	4	3	5	7	5.5
134	抱石村	2	2	1	2	5	5	3	3	3	2	2.8
135	抱龙峪	2	8	2	8	7	7	3	5	5	6	5.1
136	石砭口	2	6	3	7	8	9	8	8	8	5	6.3
137	曙光	1	4	2	5	3	4	3	4	4	4	3.2
138	满江红	7	2	1	2	5	4	3	3	3	2	3.4
139	南堡寨	1	4	3	5	5	5	3	3	4	4	3.6
140	南江兆	1	2	1	2	3	4	3	3	3	2	2.4
141	留村	8	7	3	8	6	5	6	5	6	6	6.0
142	团结村	7	3	2	4	5	4	3	3	3	3	3.9
143	东窑村	3	2	1	2	6	5	3	3	3	2	3.1
144	星火村	3	4	3	5	7	7	3	4	4	4	4.4
145	东甘村	7	2	1	2	6	5	3	3	6	3	3.9
146	和平村	3	2	1	2	7	7	3	3	3	2	3.4
147	四皓村	7	5	4	7	7	7	6	6	7	5	6.2
148	上湾	2	7	4	9	4	3	4	4	5	6	4.5
149	新街南村	2	2	1	2	3	3	3	3	3	2	2.4

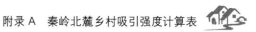

续表

序号	乡村名称	消费吸引物（权重 0.41）				生态吸引物（权重 0.42）				社会吸引物（权重 0.17）		吸引强度
		区位	面积	混合度	密度	面积模	多样性	特色性	参与度	文化特色	综合服务	
		0.34	0.22	0.24	0.2	0.24	0.26	0.29	0.21	0.53	0.47	
150	西王莽	6	2	1	2	6	6	3	3	3	2	3.6
151	刘秀村	5	3	2	4	5	5	3	3	3	3	3.7
152	江柳村	7	3	2	4	6	6	3	3	3	3	4.2
153	清禅寺	7	3	2	4	6	5	6	4	7	3	4.9
154	大峪口	2	9	5	10	8	8	8	8	7	8	7.0
155	西河滩	5	2	1	2	4	4	3	3	3	2	3.0
156	上河滩	6	2	1	2	5	5	3	3	3	2	3.4
157	太平村	2	2	1	2	6	7	3	3	3	2	3.2
158	白道峪	3	4	3	5	7	7	3	5	4	4	4.4
159	上堡子	5	2	1	2	6	7	3	3	3	2	3.6
160	高山庙	3	2	1	2	6	7	3	3	3	2	3.3
161	陈家岩	1	3	2	4	6	7	3	3	3	3	3.4
162	常沟	1	3	2	4	6	7	3	3	3	3	3.4

附录B 西安与秦岭北麓乡村空间作用强度计算表

西安与秦岭北麓乡村空间作用强度计算表 表B

序号	乡村名称	吸引强度	距离	阻力系数	空间作用强度	空间作用强度等级
1	王过村	2.5	59	1.2	2.34	1
2	仝家滩村	3.2	58	1.1	2.96	3
3	柳泉口村	3.6	58	1.2	3.39	3
4	孙真坊村	3.9	57	1.1	3.66	4
5	白龙沟村	4.3	57	1.1	4.08	5
6	柳西村	4.2	59	1.2	3.91	4
7	杏景口村	4.3	57	1.2	4.00	4
8	白庙村	2.9	57	1.2	2.71	2
9	郝家寨村	3.4	56	1.1	3.15	3
10	甘峪口	5.1	56	1	4.80	6
11	马峪沟	4.8	55	1	4.51	6
12	西八什村	2.3	56	1.2	2.13	1
13	念庄村	3.4	54	1.1	3.22	3
14	曹村	4.3	54	1	4.03	5
15	富村窑村	4.8	52	1	4.52	6
16	五泉村	4	53	1	3.83	4
17	西岭山	4.1	59	1.2	3.77	4
18	东岭村	3.9	59	1.3	3.63	4
19	竹沟口	4.5	37	0.9	4.32	5
20	八家庄	3.6	55	1	3.44	3
21	马峪河	3.5	55	1.1	3.30	3
22	马峪口	4.3	54	1.1	4.08	5
23	口皇庙	4.5	54	1.1	4.26	5
24	龙口	2.8	55	1.1	2.63	2
25	西河	3	54	1.1	2.83	2
26	东八什村	2.4	54	1.2	2.20	1
27	水北滩村	2.4	52	1	2.29	1
28	胡家庄村	3.2	53	1	3.01	3

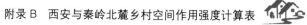

续表

序号	乡村名称	吸引强度	距离	阻力系数	空间作用强度	空间作用强度等级
29	水磨头村	3.4	51	1	3.26	3
30	仝家庄村	3.7	52	1	3.49	3
31	上涧子村	3.5	53	0.9	3.30	3
32	七姓庄村	4.3	51	1	4.11	5
33	洛家庄村	4	52	1	3.76	4
34	西涝峪口村	6.2	52	1	5.91	8
35	羊圈庄村	4	51	1	3.76	4
36	上新城	4.7	52	1	4.43	5
37	白云村	3.8	52	1	3.63	4
38	东涝峪口村	6	51	1	5.74	8
39	石西村	2.4	55	1.1	2.27	1
40	栗峪村	3.1	52	1	2.91	2
41	栗峪口村	4.6	52	1	4.32	5
42	石东村	3.2	59	1.1	2.99	2
43	石中村	2.4	56	1.1	2.27	1
44	下庄村	3	55	1	2.81	2
45	直峪口村	5.2	54	1.2	4.9	6
46	栗园坡村	3.6	57	1	3.42	3
47	站马村	5.2	55	1.2	4.87	6
48	曹家堡村	2.9	58	1.2	2.69	2
49	柿园村	2.4	58	1.1	2.25	1
50	阿姑泉村	6.7	57	1.3	6.23	9
51	朱家堡村	2.6	58	1.2	2.38	1
52	冯官寨村	3.2	59	1.1	2.97	2
53	新兴村	4.7	57	1.1	4.40	5
54	谭峪口村	4.8	58	1.1	4.46	5
55	马家河村	3.3	49	1.2	3.07	3
56	孟家庄	2.9	52	1.2	2.70	2
57	杨家	3.4	59	1.2	3.20	3
58	栗园坡	3.3	56	1.1	3.14	3
59	吊庄	3	53	1	2.82	2
60	张家	3	55	1	2.81	2
61	王家庄	3	54	1	2.81	2
62	上庄	4.5	53	1.1	4.23	5

续表

序号	乡村名称	吸引强度	距离	阻力系数	空间作用强度	空间作用强度等级
63	土门子	4.4	53	1	4.20	5
64	陈家坡	4	53	1.1	3.74	4
65	蔡家坡	6	51	1.3	5.59	8
66	宋家泉	4.4	54	1.1	4.17	5
67	杨家堡村	2.5	49	1	2.40	1
68	穆家堡村	2.5	49	1	2.40	1
69	化西村	4	49	1	3.86	4
70	化中村	3.2	49	1	3.01	3
71	化东村	3	49	1	2.87	2
72	化丰村	4.4	49	1.1	4.17	5
73	李原寨村	2.9	50	1	2.79	2
74	新阳坡村	4.1	50	1.1	3.85	4
75	乌西村	3.3	42	1.2	3.10	3
76	李家庄村	2.7	42	1.2	2.57	2
77	黄柏村	4.3	42	1.2	4.13	5
78	焦东村	2.4	40	1.3	2.29	1
79	乌东村	4.9	53	1.2	4.64	6
80	化羊坡	4.7	51	1.1	4.44	5
81	李家庄	4.1	42	1.1	3.90	4
82	河夹流村	3.5	38	1.2	3.36	3
83	三府村	3.1	42	1.2	2.97	2
84	二府村	3.8	41	1.2	3.58	4
85	平堰下村	3.8	41	1.1	3.67	4
86	下滩村	4.1	40	1	3.98	4
87	上滩村	4	40	1	3.79	4
88	唐旗寨村	4	40	1.2	3.82	4
89	刘家庄	3.5	39	1.2	3.36	3
90	叶家寨村	3.2	41	1.3	2.99	2
91	大堰口村	2.6	37	1.2	2.49	1
92	下草村	2.6	49	1.1	2.47	1
93	上草村	2.7	40	1.2	2.61	2
94	后林村	2.7	36	1.2	2.58	2
95	弋家庄村	2.7	36	1.1	2.59	2
96	草堂营村	6.6	38	1.1	6.31	9

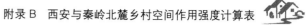

续表

序号	乡村名称	吸引强度	距离	阻力系数	空间作用强度	空间作用强度等级
97	李家岩村	5.8	38	1.1	5.53	8
98	杨家坡村	4.2	40	1.2	3.97	4
99	杜家庄村	4.9	39	1.1	4.65	6
100	太平口村	6.8	41	1.2	6.48	9
101	马丰滩村	3.8	38	1.2	3.63	4
102	宁家庄	3.8	40	1.2	3.62	4
103	神水口	4	39	1.1	3.83	4
104	东大村	6.7	35	1.2	6.41	9
105	索罗庄	4	38	1.1	3.87	4
106	罗汉洞	6.5	33	1.1	6.29	9
107	石里头	5.3	34	1.1	5.10	7
108	新联	4.5	33	1.1	4.36	5
109	惊驾村	3.8	35	1.1	3.66	4
110	祥峪口	7.4	36	1.2	7.06	10
111	灵应寺	4.7	35	1	4.52	6
112	江南村	2.8	34	1	2.74	2
113	东留堡	4.7	31	1.1	4.55	6
114	陈村	6.2	37	1.1	5.96	8
115	上王村	7.4	32	1	7.20	10
116	官堰	2.6	31	1.1	2.52	2
117	沣峪口	8.4	31	1.1	8.17	10
118	西王村	2.4	26	1	2.35	1
119	王里村	2.9	27	1	2.79	2
120	杨家庄	2.6	27	1	2.48	1
121	花苑	5.6	29	1	5.46	7
122	内苑	5.8	30	1	5.60	8
123	鸭池口	6	29	1	5.83	8
124	张村	5.3	26	0.9	5.19	7
125	南豆角村	4.5	27	0.9	4.43	5
126	北豆角村	4.9	27	0.9	4.82	6
127	子午西村	5.6	28	1	5.44	7
128	子午东村	4.5	29	1.2	4.36	5
129	甫店	2.7	22	0.9	2.64	2
130	递午村	2.9	24	1	2.88	2

序号	乡村名称	吸引强度	距离	阻力系数	空间作用强度	空间作用强度等级
131	葛村	2.6	25	0.9	2.49	1
132	立元村	2.6	22	1	2.57	2
133	曹村	5.5	25	1	5.33	7
134	抱石村	2.8	27	1.1	2.75	2
135	抱龙峪	5.1	31	1.3	4.86	6
136	石砭口	6.3	39	1	6.04	9
137	曙光	3.2	24	0.9	3.17	3
138	满江红	3.4	37	0.8	3.32	3
139	南堡寨	3.6	38	0.9	3.45	3
140	南江兆	2.4	35	0.8	2.31	1
141	留村	6	35	0.8	5.86	8
142	团结村	3.9	37	0.8	3.74	4
143	东窑村	3.1	38	0.8	2.98	2
144	星火村	4.4	37	0.9	4.22	5
145	东甘村	3.9	33	0.8	3.80	4
146	和平村	3.4	35	0.9	3.29	3
147	四皓村	6.2	32	0.8	5.99	8
148	上湾	4.5	31	0.8	4.42	5
149	新街南村	2.4	32	0.8	2.35	1
150	西王莽	3.6	38	0.9	3.48	3
151	刘秀村	3.7	39	0.9	3.55	4
152	江柳村	4.2	34	0.8	4.06	5
153	清禅寺	4.9	38	0.9	4.72	6
154	大峪口	7	37	0.9	6.79	10
155	西河滩	3	37	0.9	2.94	2
156	上河滩	3.4	36	0.9	3.28	3
157	太平村	3.2	40	0.9	3.04	3
158	白道峪	4.4	38	1	4.28	5
159	上堡子	3.6	38	1	3.44	3
160	高山庙	3.3	41	1	3.16	3
161	陈家岩	3.4	36	1	3.32	3
162	常沟	3.4	35	1	3.33	3

附录 C 太平河流域平原区承压水含水岩组及富水性表

太平河流域平原区承压水含水岩组及富水性表 表 C

含水岩组		岩性及富水性
浅层承压水含水岩组	中更新统冲洪积砂砂砾卵石，含泥夹漂石含水岩组	分布庆镇—郑庄—余下—曲包村—陶官寨—蒋村一线以南山前地带为承压水的辅给带。岩性变化大，厚 3055m。含水层主要为砂卵石夹漂石，含泥量由南向北减少。从宋村、庞光镇、聂家堡、高家寨、蒋村一线以南至山山前承压水辅给带以北。一般水头低于地面 30～50m，而在大堰口—庞光镇—聂家堡—南斑竹园一线以北，则高出地面 0.26～9.4m，形成自流带。水量较丰富区分布在涝河、太平河冲洪积扇中前部。水量中等丰富分布于太平河至涝河—耿峪河之间山前平原地带
深层承压水含水层组	中更新统冲洪积砂、砂砾卵石含水岩组	分布于山前带地下部，一为涝、太河冲洪积扇中。前部，含水层厚度大于 100m，为砂卵石夹漂石含泥。含水层大，卵漂石风化深，含泥多，单位涌水量 200～500t/（日·m）之间，水量较丰富。一为太平河至涝河之间，以及涝河以西地段，含水层厚 48～56m，为砂及砂卵石含泥，承压水头埋深，由低于地面 33m 至高于地面 1m，单位涵水量 20～200t/（日·m）。水量较丰富的分布于涝、太河冲洪积扇中前部。水量中等的分布于太平河至涝河之间以及涝河以西地段

附录 D　太平河流域平原区潜水层岩组及富水性表

太平河流域平原区潜水层岩组及富水性表　　　　　　　　　　表 D

岩组	富水性	岩性
上更新统冲洪积砂卵漂石含泥夹砂含水岩组	1　水量丰富	分布在山前平原的中部，含泥砂，透水性较强，水位埋深 2～10m，涌水量一日 500～1200t
	2　水量较丰富	分布在洪积扇前缘（新寨—马营—赵家堡）一线以北，及冲洪积扇地带，水位埋深 18～25m，涌水量一日 500～1000t
	3　水量中等	分布在山前冲洪积扇中部和后缘，为漂卵石，粒粗，含泥多，透水差，水位埋深 30～70m，涌水量一日 150～750t
全新统上中更新统冲洪积含泥砂砂石夹漂石含水岩组	1　水量极丰富	分布于涝河冲洪积扇中部至前缘及太平河宁家庄、草堂寺以南，水位埋深 1～8m，涌水量一日 800～4500t
	2　水量丰富	分布于郑家庄—槐树庄—宗家滩一带及太平河宁家庄、草堂寺以北，含砂少。水位埋深 20m，涌水量一日 2500t
	3　水量较富	分布于新寨—马营—赵家堡一线以北，山前平原带。含水层 10～20m，颗粒变细，透水性降低，水位埋深 1～6m。涌水量一日 500～1600t

附录 E 指示性物种的习性和生境

指示性物种的习性和生境 表 E

物种	习性与分布	生境	保护级别
大白鹭	涉禽类、夏候鸟；一般单独或成小群，在湿润或漫水的地带活动。白鹭喜欢栖息在湖泊、沼泽地和潮湿的森林里，食物为小的鱼类、哺乳动物、爬行动物、两栖动物和浅水中的甲壳类动物。巢穴多大而不大讲究，多筑于树上、灌木丛或地面上	大白鹭栖息于开阔平原和山地丘陵地区的河流、湖泊、水田、海滨、河口及其沼泽地带	《濒危野生动植物种国际贸易公约》 《国家保护的有重要生态、科学、社会价值的陆生野生动物名录》 《中华人民共和国政府和日本国政府保护候鸟和栖息环境的协定》
环颈雉	留鸟。每年 3 月左右进入繁殖期，营巢于地面，以柔软干草、杂叶等为巢材。杂食性，以谷物、浆果、种子、嫩茎叶为主食，亦吃昆虫，在灌丛中奔走极快	栖息于低山丘陵、农田、地边、沼泽草地，以及林缘灌丛和公路两边的灌丛与草地中，分布高度多在海拔 1200m 以下，但在秦岭和中国四川，有时亦见上到海拔 2000～3000m 的高度	《世界自然保护联盟》（IU-CN）2012 年濒危物种红色名录 ver 3.1——低危（LC）
赤腹松鼠	以植物的果实、种子、嫩叶为主食，在山区也常盗食农作物。白昼活动，以晨昏时最频繁。树栖，亦下地觅食。常与其他松鼠一起活动。繁殖期内，常剥离树皮，用以筑巢	栖息于山区林地，在阔叶林、混交林、针叶林中最为常见，居民点周围的杂木林、果林中也有活动	《国家保护的有重要生态、科学、社会价值的陆生野生动物名录》

主要参考文献

[1] 王钺，陈叙笛，刘琼. 基于区域差异性分析的文化旅游产业特征研究——以四川秦巴山区为例[J]. 国土资源科技管理，2016，33(04)：59-63.

[2] 张国昕，王军. 秦巴山区传统民居建筑生态修复技术策略探索与实践[J]. 建筑与文化，2016，(03)：102-104.

[3] 雷会霞，敬博. 秦巴山脉国家中央公园战略发展研究[J]. 中国工程科学，2016，(05)：39-45.

[4] 滕欣. 秦岭北麓峪口型地域保护利用格局研究[D]. 西安建筑科技大学，2016.

[5] 西安市统计局. 西安市统计年鉴2013[M]. 北京：中国统计出版社，2013.

[6] 肖玲，王书转，张健，等. 秦岭北麓主要河流的水质现状调查与评价[J]. 干旱区资源与环境，2008(01)：74-78.

[7] 康世磊. 秦岭太平河平原区段河流健康评价及格局化研究[D]. 西安建筑科技大学，2015.

[8] 王婷婷，朱建平. 一个被忽视的现象[J]. 中国统计，2012(04)：46-47.

[9] 亚历山大·克里斯托弗. 建筑模式语言[M]. 北京：知识产权出版社，2001.

[10] 邬建国. 景观生态学——格局、过程、尺度与等级(第二版)[M]. 北京：高等教育出版社，2007.

[11] 肖笃宁. 景观生态学(第二版)[M]. 北京：科学出版社，2010.

[12] 卡尔·斯坦尼兹. 迈向21世纪的景观设计[J]. 景观设计学，2010，13(5)：24.

[13] 张红，王新生，余瑞林. 空间句法及其研究进展[J]. 地理空间信息，2006(04)：37-39.

[14] 尼科斯·A·萨林加罗斯. 城市结构原理[M]. 北京：中国建筑工业出版社，2011.

[15] 丁金华，王梦雨. 水网乡村绿色基础设施网络规划——以黎里镇西片区为例[J]. 中国园林，2016，32(01)：98-102.

[16] 李琳，冯长春，王利伟. 生态敏感区村庄布局规划方法——以潍坊峡山水源保护地为例[J]. 规划师，2015，31(04)：117-122.

[17] 彭震伟，王云才，高璟. 生态敏感地区的村庄发展策略与规划研究[J]. 城市规划学刊，2013(03)：7-14.

[18] 唐伟成，彭震伟，陈浩. 制度变迁视角下村庄要素整合机制研究——以宜兴市都山村为例[J]. 城市规划学刊，2014(04)：38-45.

[19] 李伟，徐建刚，陈浩，王水源. 基于政府与村民双向需求的乡村规划探索——以安徽省当涂县龙山村美好乡村规划为例[J]. 现代城市研究，2014(04)：16-23.

[20] 赵晨. 要素流动环境的重塑与乡村积极复兴——"国际慢城"高淳县大山村的实证[J]. 城市规划学刊，2013(03)：28-35.

[21] 郭晓东，张启媛，马利邦. 山地—丘陵过渡区乡村聚落空间分布特征及其影响因素分析[J]. 经济地理，2012，32(10)：114-120.

[22] 李昊轩. 基于生态功能区定位的秦岭北麓小城镇规划策略研究[D]. 长安大学，2015.

[23] 范小蒙. 秦岭北麓西安段乡土景观营造的环境学途径[D]. 西安建筑科技大学，2015.

[24] 谢晖，周庆华. 秦岭北麓冲洪积扇区环境影响下传统村落布点特征初探[J]. 干旱区资源与环境，2016，30(12)：66-72.

[25] 谢晖，钱芝弘，桂露，曹艺砾，马艺培. 自然环境影响下秦岭北麓乡村空间布局特征初探——以西安长安区留村为例[J]. 建筑与文化，2015(02)：49-52.

[26] 魏巍. 秦岭北麓旅游型小城镇空间规划引导研究[D]. 西安建筑科技大学，2015.

[27] 宁杨. 职能转型驱动下的秦岭北麓五台镇空间优化策略研究[D]. 西安建筑科技大学，2015.

[28] 王莉莉，王英帆，崔羽. 地域文化视角下生态敏感地区规划策略探析——以西安市厚畛子镇规划实践为例[J]. 城市发展研究，2014，21(12)：102-107.

[29] 肖哲涛. 山水城市视野下秦岭北麓(西安段)适应性保护模式及规划策略研究[D]. 西安建筑科技大学，2013.

[30] 樊婧怡. 类型学视角下的关中村镇传统街区设计构型研究[D]. 西安建筑科技大学，2011.

[31] 王永胜，张定青. 西安市秦岭北麓村镇生态化建设规划初探——以周至县为例[J]. 华中建筑，2010，28(12)：126-130.

[32] 丁二峰，刘颖. 利用浅层地下水缓解淡水资源短缺的探讨[J]. 地下水，2009，31(01)：70-71.

[33] 张静. 五十年来秦岭北麓(西安段)自然资源变化轨迹研究[D]. 陕西师范大学，2006.

[34] 熊莉. 西安秦岭北麓旅游村落空间结构及规划策略研究[D]. 长安大学，2015.

[35] 刘康，马乃喜，青艳玲等. 秦岭山地生态环境保护与建设[J]. 生态学杂志，2004(03)：157-160.

[36] 高沁心. 山水城市视角下秦岭北麓区景观角色历史演进研究[D]. 西安建筑科技大学，2014.

[37] 史念海. 中国古都和文化[M]. 北京：中华书局，1998.

[38] 赵顺阳，王文科，乔冈，王文明，乔晓英. 地质构造对生态环境的控制作用分析——以博尔塔拉河为例[J]. 新疆地质，2006(01)：67-70.

[39] 张鹏. 基于景观安全格局的秦岭北麓太平峪片区景观规划策略研究[D]. 西安建筑科技大学，2014.

[40] 司捷. 基于资源整合的秦岭北麓五台文化旅游名镇空间优化研究[D]. 西安建筑科技大学，2016.

[41] 王元庆，陈少惠. 飞地城市型开发区公路网规划方法[J]. 长安大学学报(自然科学版)，2005(05)：74-78.

[42] 万年庆，张立生. 基于引力模型的旅游目的地客源市场规模预测模型研究[J]. 河南大学学报(自然科学版)，2010，40(01)：45-49.

[43] 俞孔坚，王思思，李迪华等. 北京市生态安全格局及城市增长预景[J]. 生态学报，2009，29(03)：1189-1204.

[44] 黄凯. "非线性景观"设计的理论与方法研究[D]. 中南大学，2012.

[45] 朱国飞. 南京仙林大学城规划区景观生态格局变化与优化研究[D]. 南京农业大学，2011.

[46] 俞孔坚，李迪华，刘海龙. "反规划"途径[M]. 北京：中国建筑工业出版社，2011：29.

[47] 夏战战. 基于景观生态安全格局的榆林榆溪河景观规划途径研究[D]. 西安建筑科技大学，2013.

[48] 王文科，孔金玲，王钊，杨泽元. 关中盆地秦岭山前地下水库调蓄功能模拟研究[J]. 水文地质工程地质，2002(04)：5-9.

［49］ 梁海. 秦岭北坡地质灾害研究［D］. 长安大学，2009.

［50］ 陈泉. 秦岭北麓周至—蓝田段山前地质灾害危险性评价方法研究［D］. 长安大学，2012.

［51］ 赵亚敏. 基于流域生态过程的洛阳市城市滨河绿地景观格局优化研究［D］. 河南农业大学，2006.

［52］ 杨源源. 华山山前断裂中段晚第四纪活动研究［D］. 中国地震局地震预测研究所，2013.

［53］ 安玲玲. 浙江省土系数据库建立及应用研究［D］. 浙江农林大学，2014.

［54］ 张萍. 山原互动：明清秦岭北麓经济发展与市镇体系的形成［J］. 陕西师范大学学报（哲学社会科学版），2013，42(05)：39-49.

［55］ 杜德鱼. 陕西省林下经济发展模式研究［J］. 西北林学院学报，2013，28(05)：264-268.

［56］ 顾小玲. 农村生态建筑与自然环境的保护与利用——以日本岐阜县白川乡合掌村的景观开发为例［J］. 建筑与文化，2013(03)：91-92.

［57］ 冯长春，曹敏政，谢婷婷. 不同生态保育尺度下铜陵市土地利用结构优化［J］. 地理研究，2014，33(12)：2217-2227.

［58］ 谢高地，张彩霞，张昌顺等. 中国生态系统服务的价值［J］. 资源科学，2015，37(09)：1740-1746.

［59］ 谢高地，张彩霞，张雷明等. 基于单位面积价值当量因子的生态系统服务价值化方法改进［J］. 自然资源学报，2015，30(08)：1243-1254.

［60］ 于全涛. 关中地区乡村旅游探析——以礼泉袁家村为例［J］. 现代商业，2013(08)：164.

后　记

本书写作历经三年，不仅是对自己学术水平的一次检验，更是对体力精力的一种磨砺，其过程曲折、艰辛。但是在诸多师长、朋友和家人的大力支持和帮助下，本书有幸最终完成。

首先衷心感谢我最尊敬的导师周庆华教授！我从硕士生到博士生，多年跟随导师学习、研究，导师严谨求真的治学态度始终激励着我不断探究，不敢有丝毫懈怠。本书从选题初始、写作到创新点凝练，导师一步步启发引导，并不断纠错修正，指点我于迷津之中。导师以敏锐的洞察力与深厚的学术造诣为我的努力明晰方向，使本书进一步完善升华。导师多年对我的教导与培养使我受用终身，并将始终引领着我的学术研究之路。

诚挚感谢岳邦瑞教授，岳老师多年都处在景观生态学研究的第一线，对秦岭北麓也颇有研究，与岳老师合带景观 11 级本科生毕业设计，使我对景观生态学理论的认知得到极大提升，也使本书的研究得以进一步深化。感谢杨茂盛教授对本书中数理模型建构与计算提出的宝贵意见；感谢占绍文教授对本书提出的建设性意见。特别感谢长安大学的武联教授、西安建筑科技大学的李志民教授、陈晓键教授、任云英教授在本书写作过程中提出的宝贵意见和建议，帮助本人进一步完善并深化研究。

感谢师妹王丁冉、学弟康世磊、研究生范小蒙、宁杨在本书研究期间与我的多次讨论和给予的启发；感谢景观本科 11 级毕设小组的刘明、畅茹茜、李琼、段优、刘婉莹、杨培培几位同学所做的资料收集与绘图工作。

最后，衷心感谢我的父母，我的先生和女儿，是你们的无私奉献、支持、帮助和鼓励让我的书稿顺利完成，你们的关爱激励我不断前进，更是我继续深入研究的动力源泉。